Weitere Titel findest du auf der letzten Seite >> >>

Rätselspaß mit
WAS IST WAS

Rätselhefte

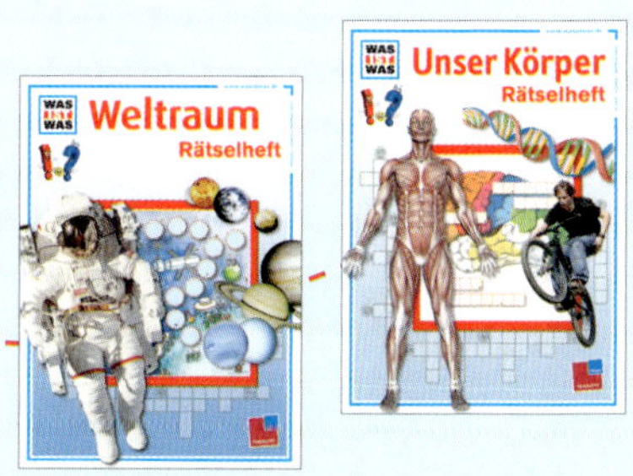

Quizblöcke

Vorwort

Man nennt unsere Zeit das Computerzeitalter. Zu Recht: Längst prägen Computer unübersehbar die Welt. Sie stehen in den klimatisierten, abgeschirmten Rechenzentren von Firmen und Forschungsstätten, thronen auf fast jedem Büroschreibtisch, geben per Internet Unmengen an Informationen an die Hand, liefern die „elektronische Post", berechnen in Spielkonsolen aufregende Abenteuer, entfalten ihre Tätigkeit in fast jedem Alltagsgerät, vom Mikrowellenherd über CD-Spieler und Telefon bis zum Fahrkartenautomaten. Und manche Roboter, sozusagen Computer mit Gliedern und Sinnen, bauen Autos zusammen, erforschen ferne Planeten und schicken sich an, als nützliche Helfer selbst Bereiche wie den privaten Haushalt oder den Operationssaal zu erobern.

Kaum etwas hat jemals die Welt rascher verändert als der Siegeszug der Mikroelektronik, der „Informationstechnologie". Das hat Konsequenzen: Die Rechner machen viele Arbeitsplätzen in den verschiedensten Berufen überflüssig. Auch wenn die Datentechnik ständig neuartige Berufe hervorbringt, ist die Zahl dieser neuen Arbeitsplätze doch klein, und nur wenige Menschen sind dafür ausgebildet oder auch nur in der Lage, die hohen Anforderungen zu erfüllen.

Umso wichtiger ist es, sich der unumkehrbaren Entwicklung rechtzeitig zu stellen und sich über Computer und Roboter zu informieren. Das vorliegende WAS IST WAS-Buch gibt einen ersten Überblick über dieses aufregende Kapitel der Technik.

Von allen Werkzeugen, die der Mensch je ersann, ist der Computer das weitaus mächtigste und vielseitigste. Und er steht noch am allerersten Anfang seiner Entwicklung. Es liegt an uns, wie wir dieses Werkzeug einsetzen: für oder gegen den Menschen.

FSC www.fsc.org
MIX
Papier aus verantwortungsvollen Quellen
FSC® C084279

WAS IST WAS
BAND 37

Die Schreibweise entspricht den Regeln der neuen Rechtschreibung.

Bildquellennachweis:
Fotos: Action Press/Hamburg: S. 30 l, 30r; Apple Computers: S. 14 o, 15 o, 15 u; Archiv für Kunst und Geschichte/Berlin: S. 6, 7; Astrofoto, Leichlingen: S. 38 o; Bernstein Center, Goettingen: S. 43 u, Bilderberg/Hamburg: Blickle-S. 33 u, Elleringmann-S. 46 ur, Obertreis-S. 35; Deutsches Zentrum für Luft- und Raumfahrt e.V, Köln: S. 38 u, 48 o; FOCUS Bildagentur/Hamburg: 37 o, 38 (Bienen), 40 ol, 42 ur, 44 o, 47, 48 ul, Frajndlich-S. 48 ur, Ogden-S. 3, King-Holmes-S. 33 o, 33 m, Parker-S. 21, Psihoyos-S. 31 l, Rosenfeld Images Ltd.-S. 28 u, Schofield-S. 16, Scriba-S. 20, Syred-S. 12, Tompkinson-S. 13, Warter-S. 28 o; Fraunhofer Institut für Produktionstechnik und Automatisierung IPA, Stuttgart: S. 46 ol; IBM Deutschland: S. 11 u, 14 u; Leibniz-Rechenzentrum, Garching: S. 17; Picture alliance, Frankfurt: S. 36, 37 u, 39, 40 or, 41 o, 42 o, 43 o, 44 u, 45; Siemens AG/München: S. 10 r, 10 l; Stanford Racing Team: S. 41 u; THQ Entertainment GmbH, Krefeld: S. 31 r; VRT GmbH: S. 32; www.fujitsu-siemens.de: S. 25; www.tessloff.com: S. 34; ZEFA/Düsseldorf: Marche-S. 29 l, Voigt-S. 29 r

Umschlagfotos: Vorderseite Corbis Images: H. Yamaguchi (Roboter), W. Whitehurst (Jogger);Istockphoto LP: E. Türüdü (Cyberhead o.l.), A. Volodin (Hintergrund), N. Titov (Kind); Rückseite Deutsches Zentrum für Luft- und Raumfahrt: Roboter; Focus: SPL/D. Parker (Wafer);

Covergestaltung: stereobloc, Berlin; **Grafik:** Johannes Blendinger, Nürnberg;
Illustrationen: Joachim Knappe, Hamburg;
Bildredaktion: Christine Schmidt-Rudloff; **Lektorat:** Dr. Heike Herrmann

ISBN 978-3-7886-0277-2

Inhalt

Vom Automaten zur Rechenmaschine

Der Weg ins Computerzeitalter

In der Mikrowelt der Chips

Eine Welt voller Rechner

Roboter im Einsatz

Vom Automaten zur Rechenmaschine

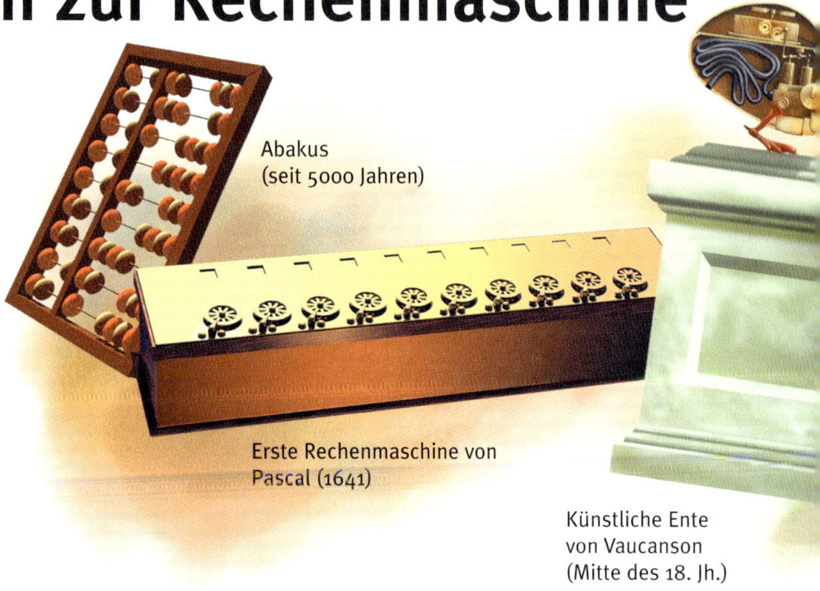

Woher stammt das Wort „Roboter"?

Der tschechische Schriftsteller Karel Čapek veröffentlichte 1921 ein ungewöhnliches Theaterstück. Es zeichnet das Bild einer zukünftigen Welt, in der künstliche Arbeitssklaven dem Menschen alle Plackerei abnehmen, ihn in Fabriken und im Haushalt unterstützen und sogar seine Kriege führen. Nach dem tschechischen Wort für Sklavenarbeit – „robota" – nannte der Schriftsteller diese nützlichen und billigen menschenähnlichen Maschinen Roboter. Doch eines Tages beschließt der Fabrikant, fast menschengleiche Super-Roboter zu bauen. Sie können nicht nur Arbeiten ausführen, sondern besitzen sogar Gefühle und Wünsche, empfinden Liebe und Glück, Schmerz und Hass. Und damit nimmt das Schicksal seinen Lauf: Die Roboter revoltieren gegen ihre Schöpfer – und töten schließlich alle Menschen.

Als Čapek das Stück schrieb, waren Roboter, die den Menschen von körperlicher Arbeit befreien, noch Zukunftsmusik. Auch Computer, die geistige Tätigkeiten übernehmen, gab es noch nicht. Heute arbeiten bereits Millionen von Robotern in den Fabriken, und Computer stehen selbst in den Kinderzimmern. Aber wir wissen noch immer nicht, wohin der Gebrauch dieser Geräte führt: Werden sie unser Leben angenehmer und glücklicher machen? Oder werden sie Millionen Menschen die Arbeit wegnehmen? Werden die Denkmaschinen eines Tages gar die Weltherrschaft übernehmen und die Menschen vernichten?

Sind Roboter eine Erfindung der heutigen Zeit?

Der Wunsch des Menschen, sich ein künstliches, mechanisches Ebenbild zu schaffen, ist uralt. Schon im Altertum kannte man „Automaten", also sich von selbst bewegende Gebilde – angetrieben meist über eine verborgene Mechanik. Das erste Lehrbuch über diese Technik schrieb der Grieche Heron schon vor 1 900 Jahren. Er soll sogar schon künstliche Vögel gebaut haben, die „sangen" und „tranken". In manchen Tempeln gab es wohl auch Statuen, die lebendig wirkten, weil Priester sie heimlich mithilfe von Schnüren bewegten, und die sogar Weissagungen und Ermahnungen von sich gaben – wobei vermutlich über dünne Röhren die Stimme eines Priesters in den Mund der Statuen geleitet wurde. Das waren natürlich keine wirklichen Automaten, aber im Grunde die Vorbilder der Roboter. Sie waren wohl auch Grundlage der zahllosen Erzählungen von künstlichen Menschen und Tieren, die seit der An-

Virtuelle Computermuseen kann man im Internet finden, wenn man in eine der Suchmaschinen (siehe S. 35) das Stichwort „Computermuseum" eingibt. Es gibt davon viele Dutzend, mit unterschiedlichen Angeboten zur Geschichte der Rechengeräte (oder der Modelle einzelner Hersteller) in Wort und Bild. Oft findet man auch Hinweise zu „echten" Computermuseen sowie Tauschbörsen, wo sich Sammler treffen.

Gastronomieroboter (USA) 1997

Addiermaschine von Charles Babbage (1834)

Vom Abakus zum modernen Hochleistungscomputer und zum Roboter war es ein weiter Weg – und er ist noch lange nicht zu Ende.

Zuse-Rechner Z3 mit Steuereinheit (1943)

tike veröffentlicht wurden – erste Vorläufer der Science-Fiction. Dieses Motiv taucht schon in einem der frühesten Werke der Literatur auf, in der vor 2 700 Jahren entstandenen „Ilias", der Schilderung des Trojanischen Krieges. Der Dichter Homer schreibt darin von selbsttätig laufenden, mit Sinnesorganen und Sprache ausgestatteten Maschinen, die der Schmiedegott Hephaistos anfertigt.

Ihren Höhepunkt erreichten die Geschichten von künstlich erschaffenen Menschen Anfang des 19. Jahrhunderts. Damals erschien zum Beispiel der Gruselroman „Frankenstein" und der Dichter E. T. A. Hoffmann (1766–1822) beschrieb in der Erzählung „Der Sandmann", wie sich der junge Student Nathanael in Olympia verliebt, angeblich die Tochter seines Professors. Sie singt mit glasglockenklarer Stimme, tanzt mit eigenartig steifen, ruckartigen Bewegungen, beim Kuss sind ihre Lippen eiskalt. Schließlich erkennt er mit Entsetzen die Wahrheit und wird darüber wahnsinnig: Sie ist ein Automat, ein Roboter, den der Professor in jahrelanger Arbeit gebaut hat.

Zu jener Zeit war die Mechanik so weit fortgeschritten, dass man tatsächlich erstaunlich echt wirkende Puppen herstellen konnte. Der Franzose Jacques de Vaucanson etwa baute schon 1737 einen Flötenspieler und bald darauf eine Ente, die nicht nur die Bewegungen eines echten Vogels nachahmte, sondern sogar schnattern, fressen, trinken

Der „Schach spielende Türke“ verblüffte jahrelang selbst Könige und Fürsten – bis er als Trick entlarvt wurde.

und verdauen konnte. Noch ausgefeilter sind die Automaten der Schweizer Brüder Jaquet-Droz, die um 1770 entstanden und heute noch im Museum zu bewundern sind: ein Zeichner, der kleine Strichzeichnungen malt, ein Schreiber, der einige Worte zu Papier bringt, und eine Orgelspielerin – eine junge Frau, die vor einer kleinen Orgel sitzt, mit ihren Fingern die Tasten drückt, dabei scheinbar atmet, Kopf und Augen bewegt und sich zum Schluss verbeugt.

Diese Automaten besaßen schon damals einige wesentliche Bestandteile heutiger Roboter: eine Kraftquelle, Vorrichtungen zum Übertragen der Kraft auf die Glieder und eine Steuereinheit. Heute bewegt man die Roboter mit Elektromotoren und steuert sie mit Computern; die Automaten liefen noch mit gespannten Stahlfedern; ähnlich den damaligen Uhren musste man sie regelmäßig aufziehen. Verborgene Hebel und Räder übertrugen die Bewegungen. Gesteuert wurden sie von Stiftwalzen, wie sie noch heute in kleinen Spieluhren benutzt werden: Walzen, in denen feine Stifte in bestimmter Anordnung stecken; während sich die Walze dreht, lösen die Stifte Bewegungen aus.

Tatsächlich führt ein direkter Weg vom Automatenbau im 18. Jahrhundert zur heutigen Computer- und Robotertechnik. Vaucanson baute nicht nur künstliche Enten, sondern auch einen automatischen Webstuhl. Gesteuert wurde dieser mit gelochten Pappkarten; die Löcher regelten die Bewegung der Mechanik und erlaubten so die Herstellung bestimmter Webmuster.

Allerdings war der Vaucanson-Webstuhl zu teuer und schwerfällig; erst 1808 stellte der Franzose Joseph Maria Jacquard einen gut funktionierenden Webstuhl vor. Auch dieses Gerät wurde mit einem Lochstreifen gesteuert; gelochte Pappen sind viel billiger herzustellen als Stiftwalzen, und das Muster ist einfacher zu verändern. Ähnliche Lochstreifen steuerten später die ersten Computer.

HERON VON ALEXANDRIA nutzte schon in der 2. Hälfte des 1. Jahrhunderts n. Chr. Luft-, Wasser- und Dampfdruck für erstaunliche Automaten. Er baute zum Beispiel Weihwasser- und Münzautomaten, eine tönende, sich selbsttätig öffnende Tempeltür, Priesterfiguren, die automatisch Trankopfer darbrachten, und sogar automatische Theater, die Szenen der griechischen Sagen nachspielten.

„EINEN TÜRKEN BAUEN“ ist eine Redensart für die Absicht, jemanden zu täuschen, und geht auf den Schachautomaten des österreichischen Erfinders Wolfgang von Kempelen im 18. Jahrhundert zurück. Der reiste mit einem Schrank durch Europa, an dem die Figur eines Türken vor einem Schachbrett saß und vor zahlendem Publikum gegen menschliche Schachkünstler spielte – und oft gewann. Erst nach Jahren wurde bekannt, dass sich in dem Schrank ein kleinwüchsiger Mensch verbarg, der in Wirklichkeit die Schachfiguren bewegte.

Der Erfinder und geistige Urheber der Rechenmaschinen mit Programmsteuerung ist der englische Professor Charles Babbage.

Wer rechnete als Erster mit einer Maschine?

Die Arbeit mit Zahlen empfanden die Menschen schon lange als mühevoll und schufen sich daher Hilfsmittel dafür. Eines der ältesten ist der Abakus, ein Holzgestell, bei dem verschiedenfarbige Kugeln auf Drähten aufgefädelt sind. Schon vor 5 000 Jahren wurde damit addiert und subtrahiert. Die erste funktionsfähige Rechenmaschine aber entstand erst viel später. Als Erfinder gilt der französische Mathematiker und Philosoph Blaise Pascal (1623–1662). 1641, also im Alter von nur 19 Jahren, baute er für seinen Vater eine achtstellige Addier- und Subtrahiermaschine. Vater Pascal war nämlich Steuerbeamter und musste stundenlang rechnen – das wollte Blaise ihm erleichtern. Die Maschine enthielt Zahnräder mit zehn Stufen (für jede Ziffer eine), ein kleiner Zinken an jedem Rad sorgte für den Zehnerübertrag: Drehte man das Rad von Stellung „9" weiter auf Stellung „0", bewegte der Zinken das nächste Rad links davon um eine Dezimalstelle weiter.

Der Franzose Blaise Pascal baute schon als 19-Jähriger eine Maschine zum Zusammenzählen und Abziehen.

Wer gilt als „Vater des Computers"?

Dass es nicht sinnvoll ist, schnelle Rechenmaschinen zu bauen, bei denen dann aber jeder einzelne Rechenbefehl per Hand eingegeben werden muss, wurde schon um 1833 dem englischen Mathematiker Charles Babbage (1792–1871) klar.

Er kannte den lochkartengesteuerten Webstuhl von Jacquard und kam auf die Idee, auf solch einer Lochkarte auch die Befehle für bestimmte, immer wiederkehrende Rechenoperationen zu speichern – so ließe sich eine mechanische Rechenmaschine bauen, die auch komplizierte Rechnungen selbstständig und schnell erledigt. Er steckte 30 Jahre Arbeit und viel Geld in diese, wie er sie nannte, „analytische Maschine". Dennoch misslang das Werk: Mit Zahnrädern, Getrieben, Messingstangen und ähnlichen rein mechanischen Hilfsmitteln war das Projekt nicht zu verwirklichen. Das gelang erst hundert Jahre später mit elektrischen Bauteilen. Dennoch gilt Babbage als „Vater des Computers". Seine „analytische Maschine" umfasste schon alle Baugruppen, die man in modernen Computern findet: Vorrichtungen zur Eingabe und Ausgabe der Zahlen, ein Druckwerk, einen Zahlenspeicher, ein Rechenwerk für die vier Grundrechenarten und eine Lochkarteneinheit.

Der Weg ins Computerzeitalter

Wie entstand der erste funktionierende Computer?

In vielen Industriezweigen müssen täglich Tausende von stets gleichen Rechenvorgängen durchgeführt werden, nur mit immer anderen Zahlen. Um 1935 sann der Berliner Ingenieur Konrad Zuse (1910–1995) darüber nach, ob man solche Rechenvorgänge vielleicht automatisch erledigen könnte, mithilfe einer speziellen Rechenmaschine. Bei den damals verbreiteten Rechenmaschinen musste man jede Rechenanweisung immer wieder eingeben. Zuse wusste nicht, dass hundert Jahre zuvor Charles Babbage in England an einem solchen Projekt gescheitert war.

Zunächst versuchte er es mit rein mechanischen Mitteln, aber vergeb-

Digital

bedeutet die schrittweise Veränderung eines Wertes – im Gegensatz zu analog; dieses Wort drückt die stufenlose Veränderung aus. So ist eine Uhr mit einem Zeiger, der sich gleichmäßig – analog zum Ablauf der Zeit – bewegt, eine Analoguhr. Eine Digitaluhr dagegen unterteilt die Zeit in zählbare Sekunden (oder Bruchteile davon) und stellt die Zeit direkt in Zahlen dar.

Bildschirmübertragung vom Start einer Rakete in einem Kontrollzentrum. Dutzende von Computern überwachen und steuern jede Einzelheit.

1	1
2	10
3	11
4	100
5	101
6	110
7	111
8	1000
9	1001
10	1010
11	1011
12	1100
13	1101
14	1110
15	1111
16	10000

Mit nur zwei Zeichen, nämlich 0 und 1, kommt das Dualsystem aus und kann dennoch alle Zahlen darstellen (siehe Tabelle).

lich. Dann jedoch hatte er zwei gute Ideen, die zum Erfolg führten. Die erste: Er verließ das Dezimalsystem, also unser gewöhnliches Zahlensystem mit Ziffern von 0 bis 9. Stattdessen nutzte er eine Entdeckung, die schon fast 300 Jahre zuvor der Philosoph und Gelehrte Gottfried Wilhelm Leibniz (1646–1716) gemacht hatte: dass man nämlich jede noch so große Zahl auch mit den beiden Ziffern „0“ und „1“ darstellen kann. In diesem „Dualsystem“ wird zum Beispiel die Zahl 8 als „1000“, die Zahl 13 als „1101“ dargestellt und die Zahl 1 000 als „1111101000“.

Im täglichen Leben wären solche langen Ziffernfolgen recht unhandlich, für Computer aber bieten die Dualzahlen einen gewaltigen Vorteil. Denn elektrische Bauelemente kennen in der Regel nur zwei Zustände: „Es fließt Strom“ und „Es fließt kein Strom“. Oder, anders ausgedrückt: „Schalter geschlossen“ – das entspricht der „1“ – und „Schalter offen“ – das entspricht der „0“.

Die zweite Idee: Er nutzte statt komplizierter, störanfälliger Mechanik elektrische Bauteile, und zwar Telefonrelais, die er billig und in großer Menge bekommen konnte. Solche Relais sind nichts anderes als elektrische Ein-Aus-Schalter, die nicht von Hand, sondern durch elektrischen Strom geschaltet werden.

Zuses Maschine, die „Z 3“, war der erste programmgesteuerte Computer der Welt. Er bestand aus insgesamt 2 000 Relais – 600 zum Rechnen, 1 400 als Speicher für insgesamt 64 Zahlen. Außerdem hatte er eine Tastatur zum Eingeben der Zahlen und einige Reihen von Glühbirnchen, die das Endergebnis anzeigten. Das Programm, also die Folge von Rechenschritten, war in Form von Löchern auf einem Kinofilmstreifen

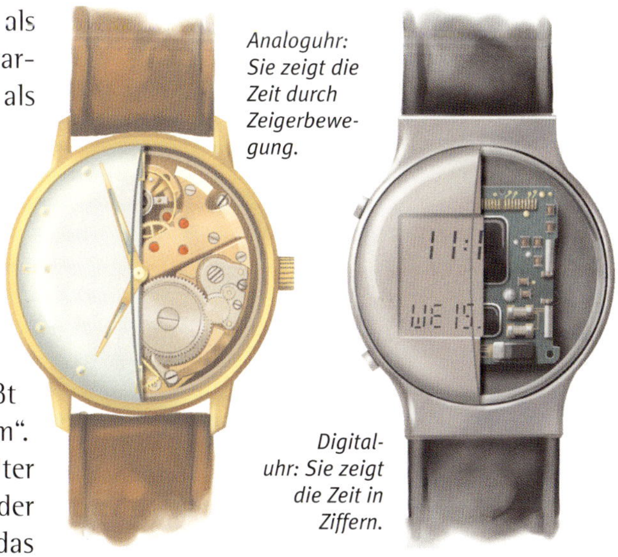

Analoguhr: Sie zeigt die Zeit durch Zeigerbewegung.

Digitaluhr: Sie zeigt die Zeit in Ziffern.

eingestanzt; während der Streifen langsam durch ein Lesegerät lief, bedienten die Löcher Schalter und steuerten so die Arbeit des Geräts.

Die „Z 3“ wurde 1941 fertig und funktionierte gut; leider verbrannte sie später bei einem Bombenangriff auf Berlin. Eine Weiterentwicklung, die mehrere Schränke große „Z 4“, konnte Zuse am Ende des Zweiten Weltkriegs unter abenteuerlichen Umständen retten; sie löste selbst komplizierte Gleichungen und tat später jahrelang zuverlässig Dienst an der Technischen Hochschule in Zürich.

Auch in anderen Ländern arbeiteten Erfinder an automatischen Rechenmaschinen. In England wurde 1942 „COLOSSUS“ fertig; er half bald darauf beim Entschlüsseln deutscher chiffrierter Geheimbotschaften.

Die intensivste Computerentwicklung aber vollzog sich in den Vereinigten Staaten. Dort hatte man sehr schnell den militärischen Nutzen der neuen Geräte erkannt und den Erfindern erhebliche Geldsummen zur Verfügung gestellt. 1944 wurde dort an der Harvard-Universität der „Harvard Mark 1“ fertig, der ähnlich wie die Zuse-Maschine mit klappernden Relais arbeitete, aber ein Ungetüm von 35 Tonnen Gewicht war und einen ganzen Saal füllte. Für eine Multiplikation brauchte der „Mark 1“ immerhin 6 Sekunden – zu viel für längere Berechnungen.

Es lag nahe, statt der Relais Elektronenröhren (Vakuum- oder Radioröhren) zu verwenden; sie können etwa 2 000-mal schneller schalten.

Der erste mit Röhren bestückte Rechner war der „ENIAC“, der ab 1947 arbeitete. ENIAC ist die Abkürzung für Electronic Numerical Integrator and Computer. Er war riesig, denn die Arbeitswärme der 18 000 Elektronenröhren, mit denen er bestückt war, musste abgeführt werden. Seine Bedienung war außerordentlich mühsam, denn er besaß keine Lochkarten-Programmsteuerung. Stattdessen musste das Programm umständlich und langwierig mithilfe von Kabelverbindungen gestöpselt werden, etwa wie bei einer alten Telefonzentrale. Außerdem arbeitete er nicht mit dem Dual-, sondern mit dem Dezimalsystem, er war also in dieser Hinsicht rückständiger als die Zuse-Maschine.

Konrad Zuse – Erbauer des ersten deutschen Computers.

Die Rechenmaschine Zuse Z4.

Welche Erfindungen machte John von Neumann?

Etwa um diese Zeit entwickelte ein genialer Computerpionier bahnbrechende Ideen im Computerbau, der in Budapest geborene, aber in den USA lebende John von Neumann (1903-1957); sie prägen auch heute noch die Computer ganz wesentlich. Eine dieser Ideen war, auch das Compu-

Elektronenröhren sind Bauteile zum Verstärken und Schalten von elektrischen Signalen. Sie bestehen aus einem luftleer gepumpten Glaskolben, in dem ein elektrisch beheizter Glühfaden Elektronen aussendet. Eine starke elektrische Spannung zieht sie zu einem anderen Anschluss in der Röhre. Die Stärke dieses Elektronenstroms kann man durch die Höhe der elektrischen Spannung an einem dritten Anschluss steuern. Heute findet man Elektronenröhren vor allem als Fernseh-Bildröhren, ansonsten wurden sie fast ganz durch die kleineren, robusteren und viel weniger Strom verbrauchenden Transistoren ersetzt.

Der US-amerikanische Mathematiker John von Neumann erfand den ersten speicherprogrammierten Rechenautomaten.

Analogcomputer
sind heute kaum noch anzutreffen – moderne Computer rechnen fast alle digital. Im Deutschen Hydrographischen Institut in Hamburg rechnete bis 1976 ein Analogcomputer die täglich wechselnden Zeiten von Ebbe und Flut für verschiedene Häfen aus. Diese „Gezeitenmaschine“ war ein kompliziertes Gebilde aus Rädern, Übersetzungen, Seilen und Anzeigeuhren, die sich langsam bewegten, innerhalb von 20 Stunden die gesamten Gezeiten eines Hafens für ein Jahr vorausberechneten und als Gezeitentafel ausdruckten. Sie steht heute im Deutschen Museum in München.

terprogramm, also die Folge von Rechenanweisungen, ebenso wie die zu berechnenden Zahlen in einem Computerspeicher aufzubewahren. Zuvor hatte man nämlich die Zahlen und die Programmbefehle ganz unterschiedlich behandelt, und das Programm lag während des gesamten Rechenvorgangs unveränderbar fest.

Gibt man aber das Programm in einen speziellen Computerspeicher, so hat das bedeutende Vorteile. Zum Beispiel vereinfacht es das Programmieren. Es kommt oft vor, dass eine Folge von gleichartigen Rechenschritten mehrfach hintereinander zu erledigen ist. Dann braucht man sie nur einmal einzugeben und dazu den Befehl, am Ende einer Berechnung wieder an den Beginn des Programms zurückzuspringen. Man nennt so etwas in der Computerfachsprache eine „Programmschleife“.

Wenn das Programm in einem Speicher abgelegt ist, muss es im Computer natürlich eine Baugruppe geben, die über die richtige Reihenfolge der Rechenbefehle wacht – diese Aufgabe hatte zuvor das vorrückende Lochband übernommen. Man nennt diese Baugruppe „Steuerwerk“.

Das Zweite, was von Neumann revolutionierte, war die Speicherorganisation im Rechner. Dort gibt es nämlich ganz unterschiedliche Speicheraufgaben. Zwischenergebnisse muss das Gerät sehr rasch festhalten und wieder ablesen können, denn das ist bei jedem einzelnen Rechenschritt nötig; der dafür bestimmte Speicher (man nennt ihn in der Computersprache „Register“) muss also sehr schnell sein. Wenn das Speichern der Zwischenergebnisse zu viel Zeit kostet, wirkt sich das sofort massiv auf die Arbeitsgeschwindigkeit des Geräts aus.

Etwas langsamer darf die Einheit sein, in der die jeweils im Moment gebrauchten Rechenbefehle gespeichert werden. Dagegen müssen die Speicher für das Rechenprogramm, die zu berechnenden Zahlen und die Endergebnisse vor allem umfangreich sein; auf ihre Geschwindigkeit kommt es nicht so sehr an, weil der Rechner aus ihnen nur vergleichsweise selten Daten abruft.

Diesen Anforderungen entsprechend haben die Computerentwickler die jeweiligen Speicher ganz unterschiedlich konstruiert und dadurch die Arbeitsgeschwindigkeit der Geräte kräftig gesteigert. Die Speichertechnik hat sich seit von Neumann erheblich verändert, aber seine Ideen, die „von-Neumann-Architektur“, sind noch heute in jedem Computer zu finden.

Der Computer ENIAC nahm ein ganzes Zimmer ein und arbeitete mit 18 000 Radioröhren.

Was bedeutet „Computergeneration“?

Der Übergang von Relais zu Röhren zeigte deutlich, wie sehr die Rechengeschwindigkeit der Geräte von den verwendeten Bauelementen abhängt. Daher spricht man heute von „Computergenerationen“. Zur ersten Generation zählen die mit Elektronenröhren bestückten Geräte. 1948 wurde ein neuartiges Bauelement erfunden, der Transistor. Er besteht aus einem winzigen Kristall aus dem chemischen Element Silicium und ist viel kleiner, energiesparender und robuster als Röhren. Ab 1955 wurden transistorisierte Computer gebaut – die zweite Generation, die gut zehnmal schneller rechnete als ihre Vorgänger.

Ein damaliger Transistor war etwa so groß wie eine Bohne – winzig im Vergleich zur Röhre. Aber das eigentliche Schaltelement konnte man bald noch weit kleiner herstellen, etwa so groß wie ein Salzkorn; den Rest des Raums nahm das Gehäuse ein. So lag der Gedanke nahe, ganze Baugruppen aus mehreren Transistoren und Zusatzbauteilen wie Widerständen und Kondensatoren gemeinsam in einem kleinen Gehäuse unterzubringen. Solche „Module“ arbeiteten in der dritten Computergeneration, sie waren kaum größer als zuvor die Transistoren, aber viel leistungsfähiger. Freilich war ihre Herstellung vergleichsweise mühsam und teuer, aber damals waren die paar Hundert Computer, die es auf der Erde gab, sowieso besondere Maschinen. Sie brauchten klimatisierte Räume und Fachleute zur Bedienung, kosteten mehrere Millionen Mark und standen daher nur in großen Firmen, bei einigen Militärdienststellen und Forschungsinstituten. Vom „Computerzeitalter“ redete damals niemand, im Gegenteil: Man schätzte den Weltgesamtbedarf an diesen Rechnern auf höchstens einige Tausend.

Das Silicon Valley südlich von San Francisco hieß ursprünglich Santa Clara Valley; hier gab es viele Obst- und Gemüseplantagen. Ab etwa 1960 siedelten sich hier zunehmend Elektronikbetriebe und Halbleiterhersteller an, die den Grundstoff Silicium (englisch: silicon) verwendeten. Mit dem Aufschwung der Computerindustrie kamen Rechnerhersteller hinzu sowie Software-Firmen, die die nötigen Programme schrieben und verkauften. Heute hat das Silicon Valley nicht mehr die ursprüngliche Bedeutung. Die Firma Microsoft etwa residiert in Seattle im US-Bundesstaat Washington, und der Computergigant IBM hat seinen Hauptsitz in Armonk im US-Bundesstaat New York.

Vergrößertes Bild von einem Drahtanschluss auf einem Mikrochip. Selbst in dieser Vergrößerung wirken die Chipstrukturen winzig.

Was ist ein Computerchip?

Anfang der Sechzigerjahre gelang es, mehrere Transistoren, Zusatzbauteile und die Verbindungsleitungen gleichzeitig auf einem einzigen winzigen Siliciumplättchen zu erzeugen. Man nennt solch einen Baustein eine „integrierte Schaltung“, und sie revolutionierte als vierte Generation die Computerwelt. 1962 kam der erste dieser „Computerchips“ (sprich tschipp, Splitter) auf den Markt; er besaß nur acht Transistoren. Aber von nun an ging es rasch, denn viele Wissenschaftler tüftelten fieberhaft an immer neuen Verbesserungen. Die Chiphersteller lieferten sich einen heißen Wettbewerb. Die meisten dieser Firmen wie auch fast alle Computerhersteller siedelten sich in einem Tal südlich von San Francisco in Kalifornien an; es wurde bald als „Silicon Valley“ (Silicium-Tal) berühmt. 1969 konnte man schon über 600 Transistoren auf einem Chip versammeln, einige Jahre später Tausende, und heute passen viele Millionen auf einen einzigen Quadratzentimeter.

Ein Computerchip, wie er in vielen PCs arbeitet, im Größenvergleich mit einer Euromünze. Tausende winziger Bauteile sind auf engstem Raum zusammengedrängt.

Der nächste große Schritt kam 1971. Zunächst hatte man noch jede der zentralen Baugruppen eines Computers einzeln aufgebaut: das eigentliche Rechenwerk, das Steuerwerk und die verschiedenen Speicher für Zwischenergebnisse und Programmbefehle. Ted Hoff, ein junger Mitarbeiter des amerikanischen Chipherstellers Intel, kam auf die Idee, all diese Baugruppen auf einem einzigen Chip zusammenzufassen – und zwar so, dass der Chip für fast jede Anwendung ohne weitere Änderung zu verwenden war. Dadurch sank der Preis gewaltig, denn man konnte ein einziges Modell für ganz unterschiedliche Aufgaben nutzen und daher in großer Stückzahl verkaufen.

Der erste dieser „Mikroprozessor“ genannten Chips kam 1971 auf den Markt. Seither wurden sie ständig verbessert und sind heute das Herz eines jeden Computers. Meist werden sie kurz „Prozessor“ genannt; Fachleute kürzen die englische Bezeichnung „Central Processing Unit“ (zentrale Verarbeitungs-Einheit) einfach als „CPU“ ab.

Wann kamen die Personal Computer?

Erst die Erfindung des Mikroprozessors machte es möglich, dass heute jeder seinen eigenen Computer besitzen kann. Vorher gab es in den Firmen und Forschungsstätten, die sich überhaupt ein so teures Gerät leisteten, jeweils einen großen Zentralcomputer. Er führte alle Berechnungen aus, speicherte Zahlen und Daten und steuerte zum Beispiel Drucker, die Rechnungen oder auch Mahnbescheide aufs Papier brachten. Die Mitarbeiter der Firmen hat-

So begann das PC-Zeitalter: der erste Apple-Computer.

ten über „Terminals" Zugang zum Rechner; jedes bestand aus einer Tastatur zur Eingabe von Zahlen und Befehlen sowie einem Bildschirm zur Ausgabe der Ergebnisse. Der Rechner bediente nacheinander alle Terminals; weil er im Vergleich zum Menschen so schnell war, hatte jeder Nutzer den Eindruck, dass seine Eingaben sofort bearbeitet wurden. Die weitaus meisten dieser Großrechner lieferte die amerikanische Firma IBM, der größte Computerkonzern der Erde mit einem Jahresumsatz von vielen Millionen Dollar, riesigen Fabrikations- und Forschungseinrichtungen.

Dennoch begann die Personalcomputer-Revolution nicht bei diesem Giganten, sondern angeblich in einer kalifornischen Garage. Dort bastelten zwei computerbegeisterte Studenten 1976 ein kleines Gerät aus Mikroprozessor, Tastatur und einigen Zusatzteilen zusammen. Es konnte an den heimischen Fernseher angeschlossen werden, der die Rechenschritte und Ergebnisse auf dem Bildschirm zeigte. Das Rechenprogramm allerdings musste jeder Besitzer mühevoll selbst eintippen und wurde dann auf einem angeschlossenen Kassettenrekorder gespeichert. Dafür aber war das Gerät so billig, dass sich nun jeder seinen persönlichen Computer – auf Englisch „Personal Computer" (PC) – leisten konnte.

Das Gerät wurde sofort ein Erfolg, und die Erfinder Stephen Wozniak und Steven Jobs gründeten eine kleine Firma, die sie einfach „Apple" (sprich äppel, Apfel) nannten. Bald lösten verbesserte Modelle den ersten Computer „Apple I" ab und schon 1980 erreichte der Jahresumsatz von Apple 200 Millionen Dollar. Auch andere Firmen bauten nun ähnliche Geräte, die allerdings von den Computergiganten zunächst als Spielzeuge verlacht wurden.

IBM

ist die Abkürzung für International Business Machines Corporation. Der Konzern existiert unter diesem Namen seit 1924, stellte ursprünglich Stechuhren her und entwickelte die elektrische Schreibmaschine. 1951 stieg IBM in den Computermarkt ein und wurde zum weltweit erfolgreichsten Anbieter von Großcomputern, für die auch eigene Software und Halbleiterchips produziert wurden. 1981 brachte die Firma einen PC heraus, der schnell zum Standardgerät wurde.

Ein moderner PC mit Flachbildschirm.

Steven Jobs ist der Vater der Macintosh-Computer, die trotz hoher Leistung konsequent auf einfache Bedienung ausgelegt sind (unten ein älteres Modell, rechts der verbreitete iMac).

Das sollte sich aber rasch ändern.

Was ist die „Software"?

Wegen des großen Erfolgs der kleinen Geräte schrieben begeisterte Hobby-Programmierer ausgefeilte Programme, die auf den Geräten liefen und dem Anwender das mühevolle eigene Eintippen ersparten. Man nennt Computerprogramme zusammengefasst „Software" (sprich ssofftwär, weicher Stoff), weil man sie sozusagen nicht berühren kann – im Gegensatz zu den Geräten selbst, der „Hardware" (sprich haartwär, harter Stoff). Programmierer unterscheiden bei der Software zwischen Dienstprogrammen, die den internen Ablauf des Computersystems steuern (das wichtigste davon ist das „Betriebssystem", sozusagen der Manager für die Computerinnereien), und Anwendungsprogrammen, die dem Computernutzer helfen.

Es gab sehr schnell Software für die unterschiedlichsten Aufgaben. „Textverarbeitungsprogramme" verwandelten den Computer in eine komfortable Schreibmaschine, mit anderen konnte man auf dem Bildschirm Zeichnungen erstellen oder komplizierte mathematische Berechnungen ausführen. „Datenbankprogramme" speicherten und sortierten Zahlen oder Texte; so ließ sich zum Beispiel ein Verein verwalten oder die Schallplattensammlung ordnen. Und schließlich gab es eine Reihe spannender Computerspiele zur Auswahl.

Das wohl wichtigste Anwendungsprogramm war ein Kalkulationsprogramm namens „Visicalc".

Moderner iMac-Computer

Es war für Tausende von Menschen der Hauptgrund, einen der kleinen Computer zu kaufen, denn es bot eine bequeme Möglichkeit, Rechenabfolgen mit wechselnden Zahleneingaben durchzuführen. Solche Rechnungen werden in jeder Firma gebraucht. Das Endergebnis – Gewinn oder Verlust einer Firma – hängt von unzähligen Faktoren ab: den Preisen der Rohstoffe, den einzelnen Löhnen, der Miete für die Räume, den Verkaufspreisen der Produkte, der Menge der verkauften Produkte, der Höhe der Steuern. Will man es kalkulieren (vorausberechnen), muss man bei jeder Veränderung eines dieser Faktoren alles nochmals rechnen. Ohne Computer ist das außerordentlich zeitaufwendig, fehlerträchtig und wegen der immer gleichen Rechenschritte geisttötend – der mit Visicalc ausgerüstete Computer machte es dagegen zum Kinderspiel.

Einen Nachteil hatten all diese ersten Programme: Sie liefen jeweils nur auf dem einen Computermodell, für das sie geschrieben waren. Schon 1976 kam der amerikanische Computerexperte Gary Kildall auf die Idee, allen Kleincomputern eine Art Universalstecker zu verpassen: ein Dienstprogramm, mit dem jedes Programm auf jedem Rechner – egal welchen Herstellers – laufen würde. Solch ein Betriebssystem verwaltet die gesamten Innereien eines Rechners sowie die angeschlossenen Geräte – etwa Tastatur, Maus, Bildschirm, Datenspeicher und Drucker. Und es sorgt dafür, dass jedes Anwendungsprogramm auf diese Geräte zugreifen kann. Großcomputer hatten damals natürlich längst ihre Betriebssysteme, aber es war ein echter Fortschritt, dieses Prinzip auf Kleincomputer zu übertragen.

Wozu dient das Betriebssystem?

Das bekannteste Betriebssystem wurde „MS-DOS" („Microsoft Disc Operating System") von der Firma Microsoft. Mehrfach ergänzt und erweitert, läuft es auf manchen Computern noch heute. Vielfach nutzen heutige PCs aber den Nachfolger „Windows" oder zunehmend das weit billigere „Linux". Die Apple-Macintosh-Computer haben ein eigenes hochentwickeltes Betriebssystem namens Mac OS.

Angesichts des riesigen Erfolgs der vielen kleinen Mikrocomputerhersteller wachte schließlich auch der Computergigant IBM auf und brachte 1983 einen eigenen Personal Computer, den IBM-PC, heraus. Er verwendete als Betriebssystem MS-DOS. Dank der Marktmacht von IBM wurde er, obwohl technisch keineswegs an der Spitze, ein großer Renner, und auf diese Weise auch MS-DOS weltweit Standard. Einer der Vorteile des IBM-PC: Er besaß einen speziellen Anschluss („Bus"), an den man zusätzliche Steckkarten mit weiteren Bausteinen oder auch zusätzliche Geräte anschließen und so die Fähigkeiten des PC kräftig erweitern konnte. Bald gab es viele Firmen, die solche Erweiterungen für die unterschiedlichsten Zwecke herstellten. Heute hat jeder Personal Computer diese Möglichkeit, damals war das nicht selbstverständlich.

Der Siegeszug der PCs hat natürlich die zentralen Großcomputer mit ihren angeschlossenen Terminals nicht verdrängt. Sie sind vor allem dort unverzichtbar, wo viele Mitarbeiter auf große, gemeinsam genutzte Datenmengen zugreifen müssen. Dies gilt zum Beispiel für Banken und Versicherungen, für Bibliotheken und Fluggesellschaften. Auch sämtliche Reisebüros sind an einen Großrechner angeschlossen und können so weltweit Fahrkarten bestellen und Hotelzimmer reservieren – der zentrale Computer weiß sofort, wenn etwas ausgebucht ist.

Was versteht man unter „Supercomputer"?

Es gibt aber auch so gewaltige Rechenaufgaben, dass man dafür superleistungsstarke Computer braucht, die mit überragender Schnelligkeit gigantische Mengen an Zahlen verarbeiten. Heutige Computer führen mehr als 1 000 Billionen Rechenvorgänge pro Sekunde aus; in gut 10 Jahren wird man die Leistung auf das 1 000fache hochgetrieben haben. Es ist kaum vorstellbar, was das bedeutet: In der Zeit, in der eine abgefeuerte Pistolenkugel gerade einen Millimeter zurück-

Microsoft

ist der weltweit führende Softwareanbieter. 1975 wurde die Firma von William H. Gates (bekannter als Bill Gates) und Paul Allen gegründet. Großen Erfolg hatten die beiden Programmierer mit dem Betriebssystem MS-DOS, das IBM für seinen PC einsetzte und das bald auf Millionen von Rechnern weltweit lief. Heute ist das Hauptprodukt der Firma das Betriebssystem Windows, das ebenfalls weltweit führend ist. Außerdem stammen Anwendungsprogramme wie Word, Excel, Internet Explorer und Frontpage zur Gestaltung von Internetseiten von Microsoft sowie das Multimedialexikon Encarta auf CD-ROM. Bill Gates gilt mittlerweile als einer der reichsten Männer der Welt.

Bill Gates von Microsoft.

Das Interface
oder die Bedieneroberfläche ist die Verbindung zwischen Computer und Benutzer. Sie bestimmt, wie einfach das Gerät zu bedienen ist. Heute verwendet man nicht mehr wie früher komplizierte codierte Befehle, sondern sagt dem Computer mithilfe der Maus und einfachen Symbolen, was er tun soll. Den Anfang dieser Entwicklung machte 1984 der „Macintosh“ von Apple.

legt, haben solche Maschinen eine Billion Rechenschritte ausgeführt! Dafür nutzen sie superschnelle Bauteile, vor allem Zehntausende von CPUs, die sich die Arbeit teilen; allerdings muss dazu zuvor recht mühevoll ihr Zusammenspiel dem jeweiligen Problem angepasst werden.

Solche Computer sagen zum Beispiel das Wetter voraus, indem sie blitzschnell die Millionen Wetterdaten verarbeiten, die täglich von Wettersatelliten, Bodenstationen, Flugzeugen, Schiffen und Wetterballons einlaufen. Ein weiteres wichtiges Anwendungsgebiet ist die Simulation: Geplante Autos und Flugzeuge und sogar neuartige Medikamente entstehen zuerst im Computer, weil das viel billiger ist als Bau und Test vieler Modelle.

Superrechner simulieren auch die Vorgänge in einem Atomkern, in einem Reaktor, einer gezündeten Atombombe oder in einem explodierenden Stern – oder in der Lufthülle der Erde, um herauszufinden, wie sich das Klima unserer Erde im Laufe der kommenden Jahrzehnte verändern wird.

HLRB II

Dieser Supercomputer HLRB II (Höchstleistungsrechner Bayern II) ist einer der schnellsten Rechner in Deutschland. Er steht im Leibniz-Rechenzentrum in Garching bei München. Seit dem letzten Ausbau enthält er über 9 700 Prozessoren und 39 000 Gigabyte Hauptspeicher und schafft mehr als 60 Billionen Rechenschritte pro Sekunde. Er wird vor allem für Simulationsrechnungen genutzt, etwa von Abläufen in turbulenten Strömungen, Atomkernteilchen, Molekülen und im Weltall. So kann er etwa die Vorgänge im Innern eines explodierenden Sterns berechnen, bei der kurzzeitig der Stern heller leuchtet als je zuvor und Temperaturen von 100 Millionen Grad entwickelt. Aber auch die Bindungskräfte in komplizierten chemischen Molekülen, die man etwa für die Entwicklung besserer Materialien und Arzneimittel kennen möchte, kann er ausrechnen.

In der Mikrowelt der Chips

Wie werden Computerchips hergestellt?

Den Stoff, aus dem Computer sind, gibt es buchstäblich „wie Sand am Meer“: Silicium. Er steckt im Sand, der chemisch eine Verbindung von Silicium mit Sauerstoff ist.

Bevor man das Silicium allerdings für Computerchips verwenden kann, muss es gereinigt werden – extrem: Auf eine Milliarde Siliciumatome darf höchstens ein fremdes Atom kommen! Aus solchem Superreinstsilicium werden dann rasierklingendünne Platten von etwa 25 Zentimetern Durchmesser geschnitten, sogenannte Wafer (sprich weefer, Waffel).

Betrachtet man einen Mikroprozessorchip von etwa 6 mal 4 Millimeter Größe unter dem Mikroskop, sieht er aus wie eine Stadt aus großer Höhe. Die „Häuser“ sind die einzelnen Bauelemente, die Transistoren, Widerstände und Kondensatoren. Was wie „Stadtteile“ aussieht, sind die Baugruppen – Steuerwerk, Rechenwerk, Speicher. Und die „Straßen“ sind die Verbindungs-

Silicium
ist ein chemisches Element, das zweithäufigste in der Erdkruste. Es gehört zur Gruppe der Halbmetalle und ist das wichtigste Material der Halbleitertechnik.

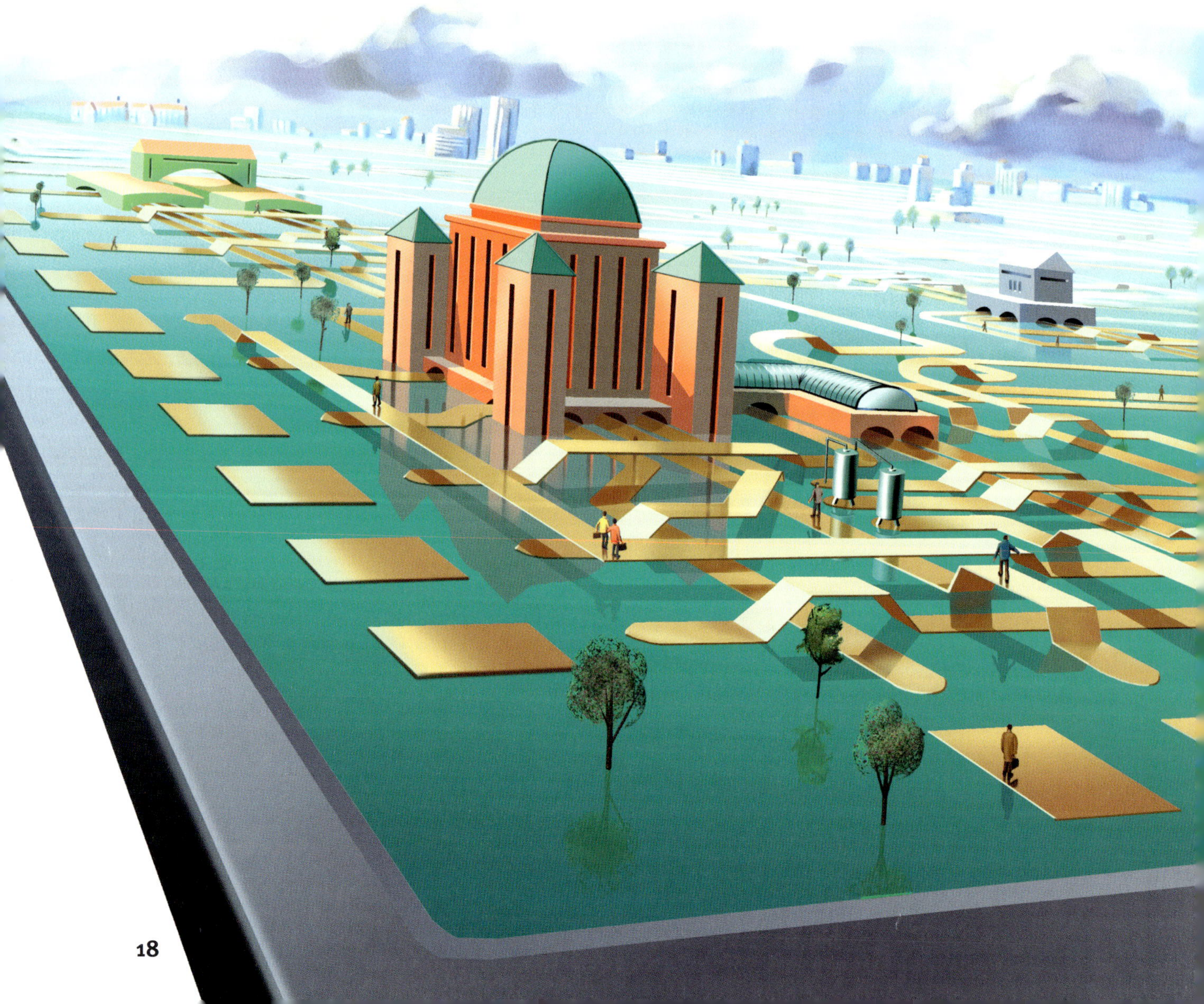

Halbleiter
sind Stoffe, deren elektrische Leitfähigkeit zwischen der von Leitern (Metalle) und der von Isolatoren (wie Glas und Keramik) liegt. Die Leitfähigkeit hängt von der Temperatur, aber auch der Reinheit des Materials ab. Silicium ist der wichtigste Halbleiter.

bahnen zwischen den Bauteilen. Manche Chips wirken allerdings viel gleichförmiger. Das sind Speicherchips; in ihnen lagern die Computer große Datenmengen, die nicht in den Speicher des Mikroprozessors passen.

Solch feine Strukturen, viele hundertmal dünner als ein Haar, lassen sich nicht mehr von Hand oder mit Maschinen erzeugen, sondern nur durch eine ausgetüftelte Kombination von Fotografie und Chemie.

Dazu überzieht man den Wafer zunächst mit lichtempfindlichem Lack. Dann projiziert ein extrem lichtstarker „Diaprojektor" darauf ein Bild der vorgesehenen Strukturen – eine „Maske". Der Lack verändert sich an den vom Licht getroffenen Stellen: Er wird unlöslich. Wenn man nun den Chip in einem Lösungsmittel badet, verschwindet der Lack überall da, wo kein Licht auftraf. Nun kann man den Wafer zum Beispiel mit Säure behandeln: Sie ätzt nur an den Stellen, die nicht vom Lack geschützt sind, und erzeugt so ein Abbild der Maske auf dem Wafer. Schließlich nimmt man mit einem starken Lösungsmittel alle Lackreste weg.

Dieses Verfahren wird mit unterschiedlichen Masken vielfach wiederholt, statt Säure lässt man auch Sauerstoff oder andere Stoffe einwirken oder dampft eine neue Siliciumschicht auf. Nach und nach bildet sich so in etwa 200 Arbeitsschritten die vorgesehene Struktur des Chips mit den verschiedenen Bauelementen, die in mehreren Ebe-

Einen Computerchip kann man mit einer Stadt vergleichen: Die Verbindungsbahnen ähneln den Straßen, in bestimmten „Gebäuden" werden Daten gespeichert, in anderen werden sie bearbeitet.

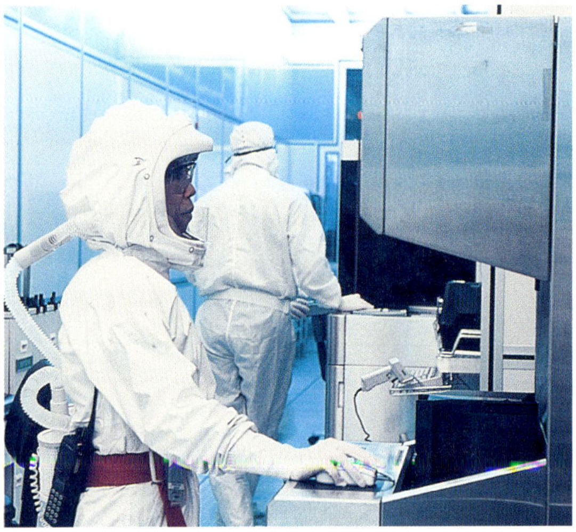

Techniker in einem Reinstraum, in dem Computerchips entwickelt und hergestellt werden. Sie tragen Schutzanzüge, um die Chips vor Staub zu schützen.

Ein Wafer mit einigen Dutzend gleichzeitig hergestellter Chips.

nen übereinanderliegen. Die Arbeit ist so organisiert, dass gleich einige hundert Chips auf einmal entstehen. Sie werden auseinandergeschnitten, mit Computerhilfe getestet, mit feinsten Anschlussdrähtchen versehen und schließlich in ein Kunststoffgehäuse eingeschlossen.

Die Produktion solcher Chips stellt extrem hohe Anforderungen an die Fabrik. Jedes Staubkörnchen, jedes Härchen auf dem Wafer würde einen Chip zerstören: Immerhin sind die einzelnen Transistoren kleiner als Bakterien! Daher arbeitet man in Reinsträumen, tausendmal sauberer noch als ein Operationssaal im Krankenhaus. Mehrere hintereinandergeschaltete Klimaanlagen filtern jedes bisschen Staub aus der Luft, und die in den Reinsträumen Beschäftigten tragen Schutzanzüge, die ihren gesamten Körper einhüllen.

Die Entwicklung der Pläne für die Masken braucht viele Monate. Der gesamte Plan ist so groß, dass er den Boden einer Turnhalle bedecken würde. Er wird dann optisch auf die Größe des Wafers verkleinert. Die Anforderungen an die dabei verwendeten Linsen sind enorm: Ihre Oberfläche darf nur um Bruchteile eines millionstel Millimeters von den Sollwerten abweichen. Kein Wunder, dass eine neue Chipfabrik viele Milliarden Euro kostet.

In der Chipherstellung gilt seit etwa 30 Jahren eine Regel: Ziemlich genau alle drei Jahre kommen neue Chips auf den Markt, die etwa viermal so leistungsfähig sind wie ihre Vorgänger. Das liegt daran, dass man immer winzigere Strukturen auf den Chips erzeugen, also immer mehr Transistoren darauf unterbringen kann. Die Chiphersteller stehen allerdings in scharfem Wettbewerb untereinander; hier mitzuhalten erfordert ungeheure Forschungsaufwendungen.

Was tut ein Mikroprozessor?

Vielen Menschen erscheint die Arbeitsweise eines Computers unglaublich kompliziert. Aber im Grunde ist die Funktion eines Mikroprozessors oder der Zentraleinheit (CPU) eines Computers

Feinste Drähte und Leiterbahnen verbinden die Anschlüsse der einzelnen Bauteile im Innern dieses Chips miteinander.

ganz leicht zu verstehen. Zum Beispiel, wenn man sich den Computer als Büro vorstellt, besetzt mit einem Beamten. Der hat einen Eingangskorb, in den man ihm die zu erledigenden Papiere hineinlegt. Er nimmt sie und bearbeitet die darin enthaltenen Zahlen jeweils nach bestimmten Vorschriften – die sind als Dienstanweisungen in einem dicken Buch festgelegt, das er auf dem Schreibtisch stehen hat. Berechnungen führt er mit einer kleinen Rechenmaschine aus. Und schließlich legt er die erledigten Papiere in einen Ausgangskorb oder schickt sie, wenn sie für längere Zeit aufbewahrt werden sollen, ins Archiv.

Beim Computer werden die Daten per Tastatur eingegeben. Meist landen sie dann zunächst in einem Datenspeicher – er entspricht dem Eingangskorb. Der Beamte selbst stellt das Steuerwerk in der CPU dar, das die Arbeit organisiert. Die Arbeitsvorschriften holt es sich aus einem Speicher, in dem das Betriebssystem und etwaige Anwendungsprogramme abgelegt sind. Die Rechenmaschine entspricht dem Rechenwerk in der CPU. Und die fertig bearbeiteten Daten landen wieder in einem Speicher – entsprechend dem Ausgangskorb – und werden dann zum Beispiel auf dem Bildschirm angezeigt oder an einen Drucker geschickt.

Im Computer gibt es noch ein paar weitere Baugruppen, zum Beispiel solche, die die eingegebenen Dezimalzahlen in Dualzahlen verwandeln und umgekehrt die Ergebnisse wieder ins Dezimalsystem verwandeln. Eine wichtige Funktion hat auch der Taktgeber, denn die Vorgänge im Rechner laufen, ähnlich wie eine Fließbandfertigung, nach Arbeitstakten ab – wenn auch Millionen pro Sekunde. Aber sonst beschreibt das Beispiel die Computerarbeitsweise recht gut. Das ist kein Zufall – immerhin hat der Computergigant IBM einst als Büromaschinenfirma begonnen, und Millionen von Rechnern arbeiten heute in Büros.

Ähnlich einfach ist die Funktionsweise der Computerprogramme zu verstehen. Hier hilft das Beispiel eines Rangierbahnhofs.

Wichtigster Vorgang im Computerinnern ist der Transport von Zahlen – vom Eingabespeicher ins Rechenwerk, vom Rechenwerk in den Ausgabespeicher und so weiter. Bei den ersten Rechnern hat man die Verbindungswege noch mit Kabeln hergestellt oder entsprechende Schalter umgestellt, von Hand oder über Lochkarten. Nach der Idee des

Dualzahlen

Mit Dualzahlen kann man rechnen wie mit Dezimalzahlen: Man fängt rechts an, addiert Ziffer für Ziffer, bis man links angekommen ist. Nur muss man sich die Grundregeln merken:

0+0=0

0+1=1

1+0=1

1+1=0 und Übertrag 1

Will man also die Dualzahlen **10** (= 2 im Dezimalsystem) und **11** (= 3) zusammenzählen, rechnet man:

```
  10
+ 11
----
 101
```

0+1=1

1+1=0 und Übertrag 1

Ergibt **101**, im Dezimalsystem also 5.
Auf die gleiche Weise kann man im Dualsystem auch subtrahieren, multiplizieren, dividieren usw.

Computerpioniers John von Neumann werden diese Befehle in einem besonderen Speicher gelagert – und zwar ebenfalls in Form von Dualzahlen, also als Folge von Nullen und Einsen.

Diese Ziffern stellen, geführt vom Steuerwerk, die Verbindung zwischen zwei Punkten her, etwa zwischen zwei Speicherzellen – ähnlich wie eine Telefonnummer die Verbindung zwischen zwei Telefonen herstellt. Unsere Zeichnung zeigt, wie man sich das vorstellen kann:

Die Lokomotive in Speicher A soll die eingegebene, zu bearbeitende Ziffer darstellen. Um sie zu Speicher C zu führen, müssen eine Reihe von Weichen in die richtige Stellung gebracht werden. Jede Weiche hat zwei Stellungen, die mit „0" und „1" bezeichnet sind. Das Steuerwerk stellt über spezielle Verbindungen, die Steuerleitungen, die Weichen um. In unserem Fall muss die erste Weiche auf „1" stehen, die zweite ebenfalls, die dritte auf „0" und die vierte auch auf „0". Der Programmbefehl „1100" bringt also die Lok von A nach C – oder überträgt die in Speicherzelle A gelagerte Ziffer über die Datenleitung auf Speicherzelle C.

Bedenkt man, welche riesigen Mengen an derartigen Befehlen ein Computer pro Sekunde ausführen kann, erscheint das Programmieren mit unendlichen Reihen von Nullen und Einsen als schier unlösbare Aufgabe. Die Programmierer haben sie sich daher schon vor Jahrzehnten vereinfacht. Dabei half ihnen, dass bestimmte Folgen von Einzelbefehlen immer wieder auftauchen. Die haben sie mit einem kurzen Wort abgekürzt und im Computer eine spezielle Baugruppe eingesetzt: Jedes Mal, wenn man dieses Wort eingibt, wandelt die Baugruppe es automatisch in die entsprechende Ziffernfolge, also die Folge von Einzelbefehlen, um. Man nennt diese etwa 200 Abkürzungen den Maschinencode.

Aber auch das Programmieren in Maschinencode ist noch mühsam; außerdem muss man dazu den Rechner genau kennen. Daher hat man Programmiersprachen erfunden, die für alle Rechner geeignet sind. Sie verwenden meist englische Wörter, um ganze Befehlsfolgen ausführen

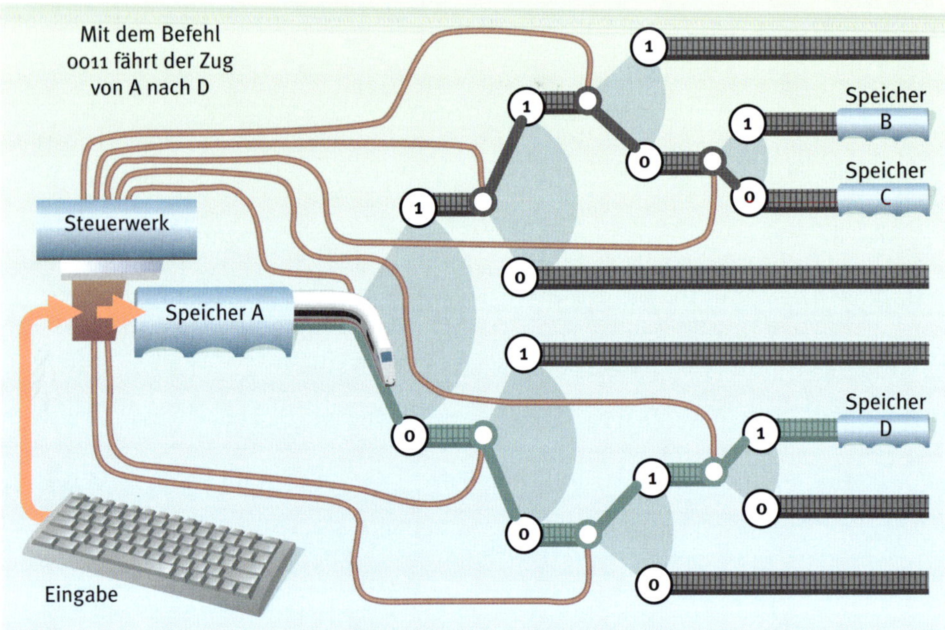

Die Vorgänge in einem Mikroprozessor kann man sich mit diesem Modell eines Rangierbahnhofs anschaulich machen. Hier kann der Zug nur dann von Bahnhof A zu Bahnhof D fahren, wenn das Stellwerk die Weichen nacheinander in die Stellungen 0, 0, 1 und 1 gebracht hat. Im Mikroprozessor fließen Daten auf ähnliche Weise von einem Speicher zum anderen, zum Rechenwerk oder etwa an den Drucker, wenn das Steuerwerk die auf dem Verbindungsweg liegenden Schalter entsprechend geschaltet hat.

NICHT-Gatter

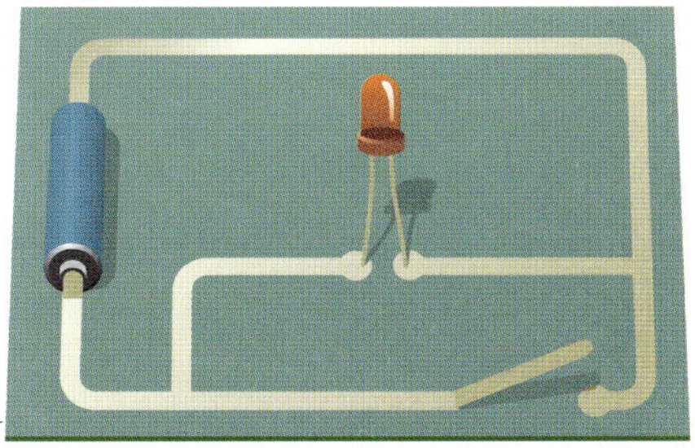

NICHT-Gatter: Ist der Schalter geschlossen („1“), ist das Lämpchen aus („0“).

ODER-Gatter

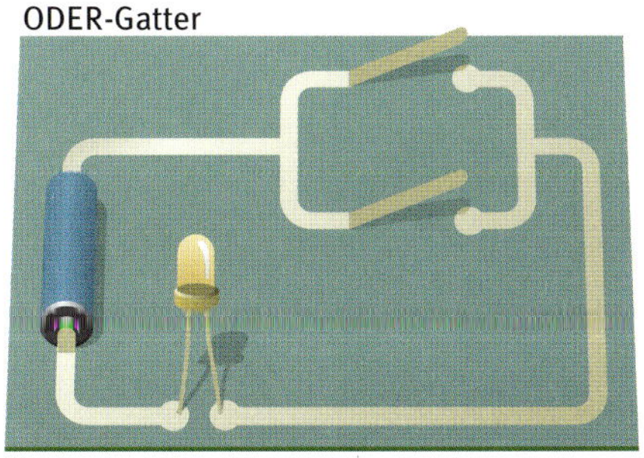

ODER-Gatter: Das Lämpchen brennt, wenn der eine oder der andere Schalter geschlossen ist.

UND-Gatter

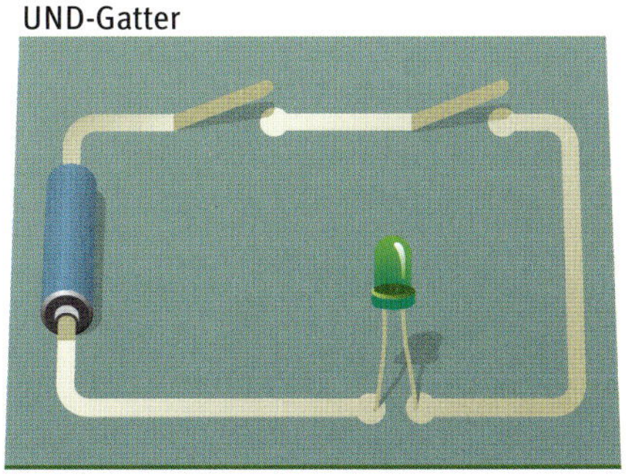

UND-Gatter: Das Lämpchen brennt nur, wenn der eine und der andere Schalter geschlossen sind.

DATEI

(englisch: file) nennt man eine Sammlung von Daten unter einem gemeinsamen Namen. Dieses Kunstwort wurde dem Wort „Kartei“ nachgebildet. Dateien können vom Computer gelesen, verwaltet, durchsucht, gespeichert, auf dem Bildschirm angezeigt, ausgedruckt oder auch elektronisch zu anderen Computern verschickt werden. Es kann eine Sammlung von Zahlen oder ein Text sein, aber auch ein Bild, ein Video oder ein Musikstück. Für den Computer freilich ist es immer nur eine Folge von Nullen und Einsen.

zu lassen. Zum Beispiel „PRINT“ (drucke), um Daten an den Drucker zu senden und auszudrucken. Oder „LOAD“ (lade), um ein vollständiges Programm in den Computerspeicher zu holen. Eine besonders einfache Programmiersprache ist BASIC, andere heißen PASCAL, FORTRAN, HyperCard oder C++.

Ein zum Beispiel in BASIC geschriebenes Programm für einen Windows-Computer läuft aber nicht ohne Weiteres auf dem Rechner. Es muss zunächst in einen Maschinencode umgeformt werden. Das kann ein Hilfsprogramm namens „Interpreter“ (Übersetzer) während des Programmablaufs tun. Das ständige Übersetzen verlangsamt allerdings die Arbeitsweise des Programms. Besser ist es, das Programm mittels anderer Hilfsprogramme (sogenannter Compiler) von vornherein in einen Maschinencode zu übersetzen und es in dieser Form in den Computer einzuspeisen.

Wenn ein Programmierer heute ein Anwendungsprogramm schreibt, bedient er sich meist einer Programmiersprache. Ist das Programm schließlich fertig und eingehend auf Fehlerfreiheit getestet, wird er es in einen Maschinencode oder in einen speziellen Zwischencode für jeweils ein bestimmtes Betriebssystem umsetzen und in dieser Form verkaufen.

Wie geht ein Computer mit Text um?

Längst nicht jeder Benutzer möchte mit seinem Computer komplizierte Rechenaufgaben lösen. Viele brauchen ihn für ganz andere Dinge: als Schreibmaschine, um darauf Texte zu verfassen, als Datenbank zum Speichern und raschen Durchsuchen gewaltiger Informationsmengen, um im Internet zu surfen, mit anderen Computernutzern Botschaften auszutauschen oder um elektronische Post zu senden und zu empfangen. Auch diese Aufgaben bewältigt das Gerät, die entsprechenden Anwendungsprogramme vorausgesetzt, grandios.

Der Trick ist ganz einfach: Es kann das, weil es auch die Buchstaben in Dualzahlen umsetzt. Schon

A	1000001	H	1001000	N	1001110	U	1010101
B	1000010	I	1001001	O	1001111	V	1010101
C	1000011	J	1001010	P	1010000	W	1010111
D	1000100	K	1001011	Q	1010001	X	1011000
E	1000101	L	1001100	R	1010010	Y	1011001
F	1000110	M	1001101	S	1010011	Z	1011010
G	1000111			T	1010100		

Ein Teil der ASCII-Tabelle, die beim Verarbeiten von Texten gebraucht wird. Sie zeigt die Buchstaben, Ziffern und Satzzeichen sowie die ihnen zugeordneten Dualzahlen.

vor vielen Jahren hatten sich Computerexperten dafür auf einen gemeinsamen Code geeinigt, den ASCII-Code, das ist eine Abkürzung für „American Standard Code for Information Interchange" (amerikanischer Standardcode zum Austausch von Informationen). Jeder kleine und große Buchstabe, jedes Satzzeichen und jede Dezimalziffer, Sonderzeichen wie ä, & oder ñ, und dazu ein paar Steuerzeichen wie der „Klammeraffe" @ haben eine Dualzahl aus acht Ziffern zugewiesen bekommen. A zum Beispiel ist 01000001, das Fragezeichen ist 00111111, die Ziffer 3 ist 00110011. Inzwischen nutzt man vor allem erweiterte Zeichencodes (etwa UTF-8), die auch die zahlreichen Sonderzeichen der unterschiedlichsten Sprachen enthalten.

Wenn man nun auf der Tastatur den Buchstaben A drückt, sendet sie die Ziffernfolge 01000001 an den Eingangsspeicher des Computers. Dank des Anwendungsprogramms weiß der Rechner, dass er jetzt mit diesen Ziffern nicht rechnen, sondern den zugehörigen Buchstaben auf dem Bildschirm darstellen soll. Zusatzinformationen geben dabei an, wo genau auf dem Schirm dieser Buchstabe erscheinen soll und in welcher Größe und Farbe. Oder er schickt sie über eine Leitung an einen anderen Computer, der sie dann wieder als Buchstabe auf seinem Bildschirm darstellt.

Auf welche Art werden Daten gespeichert?

Computer verarbeiten aber nicht nur Daten, also Zahlen und Texte, sondern müssen sie auch speichern können. Das geschieht auf unterschiedliche Weise: Kleine Datenmengen werden in speziellen Speicherchips aufbewahrt, größere Datenmengen meist magnetisch gespeichert auf „Disketten" oder „Festplatten".

Der wichtigste Arbeitsspeicher eines Computers ist der RAM-Speicher. Er besteht aus einer Reihe von Speicherchips, die mit der Zentraleinheit verbunden sind. Die Bezeichnung RAM ist eine Abkürzung für „Random Access Memory" (Speicher mit frei wählbarem Zugriff). Das soll bedeuten: Hier kann der Computer jederzeit Daten ablegen und wieder ablesen. Im RAM werden zum Beispiel die Daten aufbewahrt, mit denen der Rechner im Moment umgeht, ebenso die gerade arbeitenden Anwendungsprogramme sowie die Daten, die auf dem angeschlossenen Bildschirm erscheinen.

Die meisten Rechner laden ihr Betriebssystem erst beim Starten von der eingebauten „Festplatte" in den RAM. Die dazu nötigen, vergleichsweise wenigen Befehle sitzen in einem speziellen Speicherbaustein, den der Computer nur lesen, in den er also keine Daten einspeichern kann. Die sind dort schon vom Hersteller eingebrannt. Deshalb heißt diese Art Speicher ROM („Read-Only-Memory", Nur-Lese-Speicher). Man nennt das Laden des Betriebssystems nach dem Einschalten „booten" (sprich buuten).

Weil der RAM so wichtig ist für die Computerarbeit, stellt seine Größe ein wichtiges Verkaufsargument dar. Der RAM moderner PCs fasst meistens schon mehr als ein Gigabyte. Allerdings hat der RAM einen Nachteil: Beim Abschalten des Rechners gehen alle Informationen verloren. Deshalb braucht ein Rechner weitere Speicherarten, deren Inhalt auch ohne Stromzufuhr erhalten bleibt.

Nützliche Textverarbeitung

Früher wurden Texte mühsam mit der Schreibmaschine geschrieben. Jede Änderung bedeutete ein Problem. Heute schreibt man direkt in den Computer. Änderungen im gespeicherten Text machen keinerlei Mühe, und am Ende druckt man das Manuskript sauber aus oder schickt es gleich als elektronische Post weiter. Auch die Seitengestaltung, also die Platzierung von Textspalten und Bildern, geschieht heute fast überall am Bildschirm. Spezielle Textverarbeitungsprogramme können auch Adressendateien und Briefe so miteinander verknüpfen, dass automatisch jede Adresse auf einen Brief gedruckt wird („Serienbrief"). Man kann sogar im Brieftext an jeder gewünschten Stelle Namen, Adresse oder auch Anrede einfügen lassen – solche Briefe werden gern als Werbebriefe verwendet.

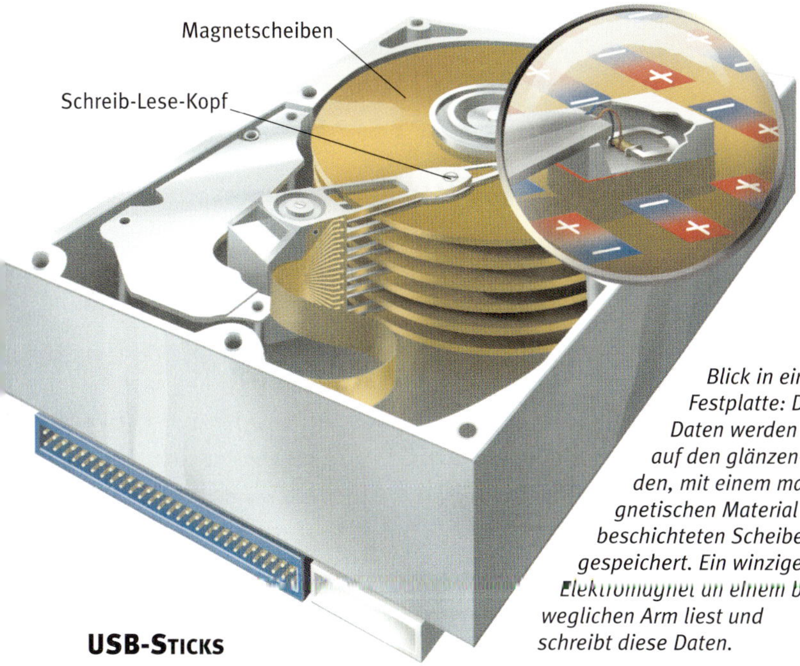

Blick in eine Festplatte: Die Daten werden auf den glänzenden, mit einem magnetischen Material beschichteten Scheiben gespeichert. Ein winziger Elektromagnet an einem beweglichen Arm liest und schreibt diese Daten.

Was ist die Aufgabe der Festplatte?

Der wichtigste dieser „nichtflüchtigen Speicher" ist die Festplatte, die man praktisch in jedem PC findet. Sie ist eine rasch rotierende Scheibe, die mit einer dünnen Schicht aus magnetisierbarem Material belegt ist – ähnlich wie ein Tonband. An einem Arm bewegt sich ein kleiner Schreib-Lese-Kopf über dieser Scheibe hin und her. Er kann die zu speichernden Dualziffern in Form von magnetischen Punkten auf die Platte schreiben und außerdem auch diese Magnetzeichen wieder ablesen. Moderne PC-Festplatten können hunderte, schon bald sogar tausende Gigabyte an Daten speichern und innerhalb von Millisekunden jede gesuchte Information wieder finden und ablesen. Auf der Festplatte sind nicht nur die Daten gespeichert, an denen man arbeitet, sondern auch die vorhandenen Anwendungsprogramme sowie das Betriebssystem des Rechners, das er beim Starten in den RAM lädt.

In der Regel sind Festplatten eingebaut. Will man Daten zwischen Computern austauschen, schickt man sie heute meist über ein drahtgebundenes oder Funk-Netzwerk, das die Computer verbindet. Oder man speichert sie auf eine kleine tragbare Festplatte oder einen winzigen Speicherstick (USB-Stick), den man in einen bestimmten Anschluss des Computers (den USB-Anschluss) schiebt und der dann auf dem Bildschirm wie eine Festplatte erscheint. Früher nutzte man für diesen Zweck Disketten, kleine magnetisierbare Plastikscheiben in einem Schutzgehäuse, die aber nur wenig Speicherkapazität besaßen.

Vielfach nutzt man auch optische Medien zum Speichern von Daten jeder Art. Die bekanntesten Speicher sind Musik-CDs und DVDs mit Spielfilmen. Die gleichen Scheiben gebraucht man aber in der Computertechnik auch zum Aufbewahren von Daten. Praktisch alle modernen Computer können diese Scheiben beschreiben und lesen, und die leeren „Rohlinge" sind billig. So lassen sich auch eigene Musik-CDs und Film-DVDs herstellen.

Die Dualziffern sind darauf in Form winziger (nur im Mikroskop erkennbar) Vertiefungen gespeichert. Zum Speichern und Lesen der Daten dienen feinst gebündelte Laserlichtstrahlen, die das spezielle Material der Scheiben gezielt verändern. Manche dieser Scheiben kann man nur einmal beschreiben (CD-R und DVD-R), andere können gelöscht und neu beschrieben werden (CD-RW und DVD-RW). CDs fassen etwa 700 Megabyte an Daten, DVDs sogar bis 9 000 Megabyte (9 Gigabyte) und die neuen BlueRay-DVDs bis zu 50 Gigabyte. Allerdings sind immer wieder neue Laufwerke nötig, um diese Medien lesen oder selbst beschreiben zu können.

USB-Sticks

haben mittlerweile fast alle anderen tragbaren Datenspeicher für Computer verdrängt. Es sind winzige Gehäuse mit einem Stecker, der in einen der USB-Anschlüsse eines Computers passt (wie auch Tastatur, Maus und andere Zusatzgeräte). Der Stick erscheint dem Computer wie eine zusätzliche Festplatte. Es gibt sie zurzeit bereits mit über 32 Gigabyte Speichervolumen, das sicherlich noch größer werden wird. Die Daten werden in einem speziellen Speicherchip (Flash-Speicher) aufbewahrt. Da es keine beweglichen Teile gibt, ist keine Stromversorgung notwendig. Die gleiche Art Chip kommt auch in Speicherkarten (Digitalkameras) und zunehmend auch als Festplattenersatz vor.

USB-Stick

Eine Welt voller Rechner

Wo stecken überall Computer?

Computer sind überall. Jeder von uns bedient sich täglich der kleinen Helfer. In der Stereoanlage halten sie die eingestellte Senderfrequenz konstant und wandeln die codierten Signale auf der CD wieder in Musik um; ähnlich kümmern sie sich im Fernseher und im Videorekorder um die gute Qualität des Bildes, besonders beim Digital-TV. Im ISDN-Telefon und im Handy wandeln sie Sprache in digitale Signale und umgekehrt, speichern Hunderte von Rufnummern in Kurzwahlspeichern, bauen auf Knopfdruck die Verbindung auf und arbeiten blitzschnell und zuverlässig mit den Computern in den Vermittlungsstellen zusammen – das gesamte weltweite Telefonnetz kann man auch als riesigen Computer auffassen. In Waschmaschine, Herd und Mikrowelle regeln sie Temperaturen, Wasch- oder Kochprogramme und helfen beim Energiesparen. Im Fotoapparat rechnen sie aus den Daten mehrerer Lichtfühler die richtige Blende und Belichtungszeit aus. Im Taschenrechner kümmern sie sich um Grundrechenarten, Prozente und eventuell Sinusfunktionen. Und vieles mehr.

Zurzeit sind diese Computerchips noch auf sich gestellt. Das soll, so planen Computerexperten und Architekten, in einem „intelligenten Haus" anders werden: Dann hängen

COMPUTERVIREN sind winzige Computerprogramme, deren einziges Ziel ist, sich selbst zu vermehren. Weil aber niemand absichtlich ein Virus vermehrt, muss es sich dazu in möglichst vielen „normalen" Programmen verstecken, um dann mit diesen Programmen von Rechner zu Rechner zu gelangen – früher per Diskette, heute oft blitzschnell weltweit über Datennetze. Manche Viren sind vergleichsweise harmlos; sie schreiben vielleicht verrückte Mitteilungen auf den Bildschirm. Andere aber löschen wichtige Daten oder machen den Computer unbrauchbar. Viele Viren werden sofort beim Starten des Rechners aktiv, andere warten auf bestimmte Eingaben oder ein bestimmtes Datum.

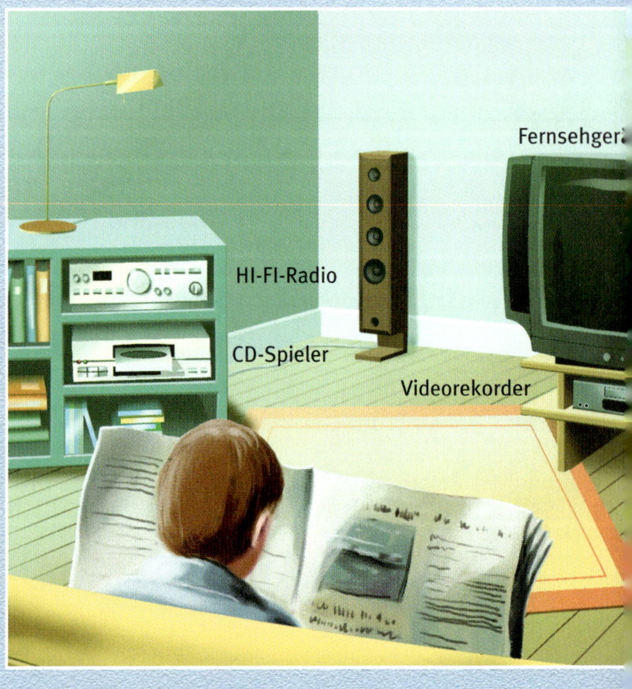

Schutz vor Viren

Geschrieben werden die Viren oft von Hobbyprogrammierern, die ihre Kunst so beweisen wollen oder auch Spaß daran haben, Schaden anzurichten. Aber auch Geheimdienste setzen Viren gegen die Computer gegnerischer Nationen ein. Als Schutz dienen – neben äußerster Vorsicht mit Dateien und Programmen unbekannter Herkunft – Virenschutzprogramme, die Viren aufspüren und zerstören. Weil allerdings ständig neue, immer weiterentwickelte Virentypen auftauchen, muss man diese Programme ständig aktualisieren.

Dutzende oder Hunderte von Mikrochips zusammen und tauschen Informationen aus. Sie prüfen schon am Eingang per Gesichtskontrolle, ob man überhaupt hineindarf – dafür braucht man dann allerdings keinen Schlüssel mehr. Beim Betreten eines Raums schalten sie das Licht an und regeln die Heizung je nach gewünschter Temperatur, Sonneneinstrahlung, Stellung der Fenster und der Rollos optimal energiesparend. Morgens starten sie, vom Wecker alarmiert, auch gleich Toaster und Kaffeemaschine. Sie führen Buch über die Bestände von Speisekammer, Kühlschrank und Keller und erstellen eine Einkaufsliste, die dann automatisch zum nächsten Supermarkt übermittelt wird – oder schlagen Kochrezepte vor, für die die Bestände ausreichen. Bei Abwesenheit der Bewohner überwachen sie Feuer-, Wasser- und Einbruchsmelder, Tiefkühltruhe und Topfpflanzen und schalten in unregelmäßigen Abständen Licht- und Geräuschquellen ein, damit Einbrecher das Haus nicht als leer erkennen.

Auch außerhalb des eigenen Hauses begegnet man Computern auf Schritt und Tritt. Im Fahrkartenautomaten errechnen sie den richtigen Tarif und drucken die entsprechende Fahrkarte. Im Bankomaten prüfen sie per Datenleitung, ob auf dem Konto noch etwas drauf ist – selbst wenn man weit weg von der Heimatstadt ist –, steuern die Geldausgabe und melden den Vorgang an einen Zentralcomputer, der ihn dann zwecks Belastung des Kontos an die heimatliche Bank weitergibt. Am Fahrrad messen sie das Tempo, speichern die Tretleistungen und rechnen Durchschnitts- und Höchstwerte aus. In der Registrierkasse entziffern sie den Strichcode auf den Waren, holen aus ihrem Speicher die Informationen über die Warenart und melden den Verkauf an Buchhaltung und Lager – zum etwaigen Nachbestellen des Artikels. Im Auto sorgen sie dafür, dass der Motor und die anderen Aggregate richtig laufen.

Manche Menschen haben sogar schon Computerpower in ihrem eigenen Körper. Im Hörgerät filtert ein winziger Chip die Geräusche und verstärkt nur die richtigen Frequenzen – angepasst an die Schwachstellen im Gehör des Trägers. Dem kranken Herzen hilft vielfach ein Herzschrittmacher auf die Sprünge, wobei der Chip dessen Tempo an den aktuellen Leistungsbedarf des Körpers anpasst – beim Treppensteigen werden sie schneller. Und Zuckerkranken (Diabetikern) hilft

Computer überall: in Waschmaschinen und Küchengeräten, in Stereoanlagen und in Fernsehern, in Bürogeräten und im Auto.

Blick in eine moderne Telefonzentrale

eine chipgesteuerte Minipumpe, die ihr Blut überwacht und ihren Organismus mit der jeweils genau richtigen Menge Insulin versorgt. Geforscht wird zurzeit sogar an künstlichen Augen, Ohren, Händen und Füßen; sie sollen über Chips gesteuert werden, die ihre Signale direkt von den Nerven des Trägers bekommen.

Wie verändert der Computer die Arbeitswelt?

Besonders tief greifend ist der durch Computer ausgelöste Wandel in der Arbeitswelt, und kaum ein Beruf blieb davon verschont. Oft hat sich nur die Art der Arbeit verändert. Architekten zum Beispiel entwarfen neue Häuser früher mit Bleistift und Lineal mühsam am Reißbrett. Wollten sie etwas ändern, mussten sie die alte Zeichnung zuvor ausradieren. Heute skizzieren sie mit einem Plastikstift auf einem „Grafiktablett", einer weißen Platte, die die Bewegung des Stifts auf den Bildschirm überträgt. Änderungen sind mit einem Tastendruck erledigt. Es muss auch nicht jede Tür, jedes Fenster neu gezeichnet werden; der Rechner enthält eine „Bibliothek" mit unterschiedlichen Hausteilen, die der Architekt einfach elektronisch an die richtige Stelle setzt. Der Computer passt auf, ob die Maße stimmen, und rechnet hinterher den ungefähren Baupreis aus. Und ist die Zeichnung fertig, kann er das Haus auf dem Schirm von allen Seiten zeigen – sogar von innen.

Die Zeichenfähigkeiten der Rechner nutzen auch Auto-, Flugzeug- und Maschinenkonstrukteure sowie Grafiker. Die Boeing 777 mit ihren rund drei Millionen Einzelteilen war das erste Flugzeug, das komplett per Rechner entwickelt wurde.

Kaum etwas läuft heute noch ohne Computer. Kein Mensch könnte zum Beispiel ständig alle Instrumente

Logische Bomben

Zu den Computerviren rechnet man auch die „logischen Bomben". Sie sollen sich nicht unbedingt vermehren, sondern warten auf ein bestimmtes Ereignis, um ihre Zerstörungskraft zu entfalten. So könnte sich zum Beispiel ein entlassener Mitarbeiter an seiner Firma zu rächen versuchen, indem er im Computer einen Virus hinterlässt, der vielleicht erst Monate nach seinem Ausscheiden aktiv wird.

Ein Ingenieur konstruiert am Bildschirm ein Flugzeug. Entwürfe können leicht überprüft oder verändert werden.

Computer und Auto

In vielen Autos rechnen Computerbauteile schon heute: Sie steuern zum Beispiel den Motor, können in das Bremssystem eingreifen, beeinflussen die Federung, ermitteln für den Fahrer den Benzinverbrauch oder zeigen im Navigationssystem sogar den richtigen Weg an. Sie teilen dem Besitzer auch mit, wann der nächste Werkstattbesuch fällig ist. Für die Zukunft arbeiten die Autokonzerne an Autocomputern, die den Wagen automatisch steuern: Kleine Kameras überwachen die Straße und den Bereich rund um den Wagen und steuern Lenkrad, Gaspedal und Bremse; sie halten auch rechtzeitig, wenn die Ampel Rot zeigt. Weil sie mit Verkehrslenkzentralen in Verbindung stehen, kennen sie auch den jeweils kürzesten Weg, vermeiden Staus und finden in der Stadt Parkplätze. Der Fahrer muss nur noch das Ziel per Sprache eingeben und kann sich dann bequem zurücklegen, arbeiten, lesen oder sogar fernsehen. Manche Autofahrer haben noch ein mulmiges Gefühl, wenn sie erfahren, dass ihr Lenkrad nur durch die Elektronik mit den Rädern verbunden ist. Sogar der gewohnte Lenkwiderstand wird künstlich erzeugt und man könnte auch genauso gut mit einem Joystick steuern. In Flugzeugen gibt es dieses „Stire-by-wire"-System (Steuern über Leitung) schon längst. Somit können Computer auch in die Steuerung eingreifen und das Fahren sicherer machen.

im Cockpit eines modernen Passagierflugzeugs, an den Radarschirmen der Flugleitzentralen, in der Leitstelle eines Raumfahrtzentrums, in der Steuerwarte eines Kernkraftwerks, einer Raffinerie oder einer großen Fabrik überwachen und bei Störungen sofort die richtigen Maßnahmen treffen. Diese Aufgaben erfüllen heute spezielle Computer, sogenannte Prozessrechner. Hunderte von Messfühlern liefern ihnen Messwerte aus allen Teilen der Anlage. Sie vergleichen sie mit den eingespeicherten Sollwerten und regeln vollautomatisch Ventile, Heizungen, Kühler, Pumpen entsprechend, um einen optimalen Betrieb zu gewährleisten.

Die elektronischen Datenspeicher machen aber auch Sorgen. Zwar können viele Menschen dank Computerhilfe ihre Arbeit schneller erledigen und dadurch an einem Arbeitstag viel mehr schaffen als

Modelle per Computer

Bevor ein neues Auto oder ein Flugzeugteil, eine Kamera oder sonst ein Produkt in die Serienfertigung kommt, werden davon Modelle aus Holz, Gips oder Kunststoff hergestellt und getestet. Das aber ist ein zeitraubendes und zudem teures Verfahren. Mithilfe des Computers geht es weit schneller und billiger: Er rechnet die Konstruktionszeichnungen in ein dreidimensionales Modell um und steuert nun mit diesen Daten ein Gerät, das zum Beispiel flüssigen Kunststoff per Laserstrahl an bestimmten Stellen härtet und auf diese Weise automatisch ein Modell des gewünschten Gegenstands herstellt („Stereolithografie").

Der Computertomograf

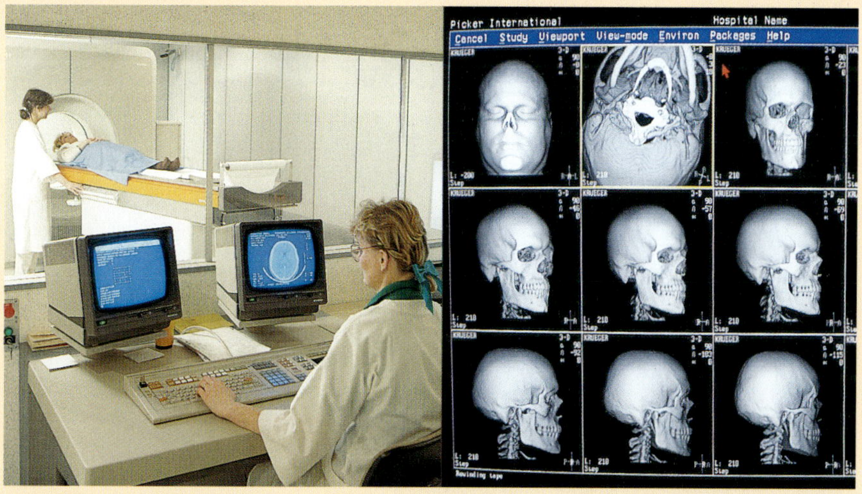

Der Computertomograf liefert Bilder aus dem Körperinneren. Wie ein Röntgengerät durchleuchtet er den Patienten von mehreren Seiten; ein Computer setzt die Bilder dann zu einem räumlichen Modell zusammen, das man auf dem Bildschirm von allen Seiten anschauen kann. Er kann sogar Teile wie Adern, Knochen, Fremdkörper oder Krebsgeschwülste farblich hervorheben oder Bewegungen, etwa das Fließen des Blutes, darstellen. Solche Darstellungen sind nicht nur für Operationsvorbereitungen ein wertvolles Hilfsmittel, sie dienen auch Medizinstudenten als optimales Anschauungsmaterial.

früher. Doch wenn die Arbeitsmenge insgesamt nicht zunimmt, bedeutet das: Man braucht weniger Menschen, um sie zu erledigen. Und das wiederum heißt: Viele Menschen werden entlassen, verlieren ihre Arbeit, ihr regelmäßiges Einkommen und einen Teil ihres Lebensinhalts. Nur ein Teil der Menschen, die durch den Computer ihre Jobs verlieren, findet in Zeiten hoher Arbeitslosigkeit woanders Arbeit.

Im Trickfilm „ANTZ" bewegen sich gleichzeitig Hunderte von Ameisen unabhängig voneinander. Um solche Bilder zu erzeugen, brauchte man schnelle Bildverarbeitungscomputer.

Wofür nutzen Filmemacher die Rechner?

Längst ist die Zeit vorbei, in der auf grün schimmernden Computerbildschirmen endlose Zahlenkolonnen oder Texte und sonst nichts zu sehen war. Heute kann man mühelos farbige Grafiken, Fotos, Zeichentrickfilme („Animationen"), sogar Videofilme und das laufende TV-Programm auf den Schirm zaubern. Und es ist möglich, Bilder und Filme mithilfe des Rechners zu bearbeiten, sie etwa farblich zu verändern oder neu zu kombinieren, oder auch ganz neuartige Bilder zu erzeugen.

Wer den Film „Jurassic Park" gesehen hat, erschauerte sicher vor der Realitätsnähe der gewaltigen, sich rasch bewegenden Echsen – etwa der in der Küche nach den versteckten Menschen jagenden Velociraptoren. In Wirklichkeit spielten die Menschen in der leeren Küche: Die Dinosaurier wurden vom Computer erzeugt und in den Film hineinkopiert. Aus dem Rechner stammen auch die in Luftkämpfe verwickelten F-18-Flugzeuge in „Independence Day" und der vom Hochhaus springende Darsteller in „Batman Forever". „CGI" („Computer Generated

Computer und Wetter

Die Millionen von Wetterdaten über Temperaturen und Windstärken und -richtung in verschiedenen Höhen, Niederschläge usw., die ständig von Tausenden von Wetterbojen, Wettersatelliten, Flugzeugen, Schiffen, Wetterwarten und Wetterballons einlaufen, lassen sich nur mit schnellsten Computern verarbeiten. Dazu versucht man, ein möglichst genaues Modell der gesamten irdischen Lufthülle im Computer zu entwerfen und die darin ablaufenden Vorgänge nach den bekannten Naturgesetzen vorauszuberechnen.

„Jurassic Park", 1993, ließ mit computererzeugten Spezialeffekten die Dinosaurier auferstehen.

Schach spielende Computer kann man heute in jedem Kaufhaus bekommen, und ihre Leistungen übertreffen schon die der meisten Schachfreunde. Zunehmend aber bekommen selbst die weltbesten Schachspieler, die

„Großmeister", maschinelle Konkurrenz. Schon 1997 unterlag der Weltmeister Garri Kasparov *(oben)* in mehreren Spielen gegen den hochgezüchteten IBM-Schachcomputer „Deep Blue", und in wenigen Jahren wird es Geräte geben, die selbst den besten Großmeistern keine Chance lassen. Nicht, weil sie besonders intelligent wären. Aber sie können blitzschnell Millionen Spielzüge durchrechnen und den günstigsten auswählen.

Imagery", computererzeugte Bebilderung) nennt man diese zukunftsweisende Technik.

Zurzeit sind Computerfilmszenen noch sehr teuer: Sie erfordern monatelange Vorbereitung, teure Rechenzeit – und Spezialisten, die mit viel Fantasie und Können den Geräten immer neue Effekte entlocken. Immerhin haben die sechs Minuten Dino-Action in „Jurassic Park" allein rund 15 Millionen Dollar gekostet. Dennoch entstehen immer öfter Filmszenen im Computer, denn so sparen die Filmstudios millionenteure Bauten ein und schonen in gefährlichen Szenen das Leben von Schauspielern. Der Wirbelsturm und seine Verwüstungsorgie in „Twister" stammen ebenso aus dem Rechner wie der in die Freiheit springende Wal in „Free Willy". Die Bewegungen der Ameisenhorden in „ANTZ" hätte man gar nicht anders erzeugen können. Die vom Computer errechneten, erstaunlich lebendig wirkenden Gesichter der Ameisenhauptdarsteller zeigen, zu welchen Leistungen die CGI fähig ist.

Von Jahr zu Jahr kann man im Kino die Fortschritte der CGI bewundern; erst sie macht Hollywood zu einer wirklichen „Traumfabrik", denn sie ermöglicht Filmszenen, die in Wirklichkeit niemals zu drehen wären. Nicht nur für Monumentalfilme: Bauherren können schon mal einen Spaziergang durch das geplante Gebäude genießen oder testen, wie es sich von außen gesehen in die Umgebung einfügt. Und Museen oder Planetarien bieten ihren Besuchern einen Ausflug etwa ins Innere einer Zelle oder eines Atoms, eine Reise durch den menschlichen Körper, zu den Pharaonen oder lassen sie die Explosion eines Sterns miterleben.

Wie entstehen Computerspiele?

Selbst am Steuer eines Rennwagens sitzen, einen Jet steuern, Abenteuer im Dinosaurierdschungel erleben, an Raumschiffschlachten teilnehmen, nach geheimnisvollen Schätzen suchen oder auf fernen Planeten seltsame Monster bekämpfen – auch solche Träume erfüllt der Computer, wenigstens im Spiel.

Die ersten Computerspiele vor etwa zwei Jahrzehnten waren noch ziemlich öde: Ping-Pong auf dem

Bei diesem Spiel reist du zu 15 geheimnisvollen Stätten der Menschheitsgeschichte.

Bildschirm oder Verfolgungsjagden gelber, gefräßiger Kugeln namens „PacMan" durch ein mit Feinden und Fallen gespicktes Labyrinth. Wirklich bunt, schnell und schön wurden die Spiele erst, als die Rechner leistungsfähig genug wurden für gute Grafik und die CD-ROM als Datenspeicher die Kassetten und Disketten ablöste. Und weil PCs für viele Käufer zu schwierig zu bedienen sind, brachten findige Firmen „Konsolen" heraus, die nur zum Spielen taugen, dafür aber narrensicher sind und technisch manchmal den PCs sogar überlegen. Heute sind gute Spiele schon fast so realistisch wie

Filme und die technische Entwicklung ist in vollem Gange. Bei zukünftigen Spielen setzt der Spieler eine Haube mit kleinen Bildschirmen auf und taucht dann in eine unglaublich realistisch erscheinende „virtuelle Welt“ ein, in der er handeln und sich bewegen kann; die Bewegungen des Spielers nehmen Fühler an Gesicht und Händen auf, und das Computerspiel reagiert augenblicklich darauf (mehr über solche „virtuellen Welten“ in WAS IST WAS-Band 100 „Multimedia“).

Monat für Monat kommen neue Spiele auf den Markt, jedes das Ergebnis monatelanger Arbeit eines ganzen Teams. Spieleerfinder denken sich die Handlung und die Figuren aus – nicht selten angelehnt an erfolgreiche Filme. Grafiker entwerfen die Szenenhintergründe und Handlungsräume, meist direkt am Rechner. Animateure legen fest, welche Bewegungen die Figuren ausführen, Komponisten schreiben Musik dazu, Toningenieure steuern die Geräusche bei. Und schließlich bringen Programmierer das Ganze im Computer zum Laufen – wobei es viele Wochen dauert, bis jede Spielsituation getestet ist und fehlerfrei läuft. Erst dann kommt das Spiel schließlich, eingepackt in einen bunten Karton und vielleicht sogar aufwendig in TV-Spots beworben, auf den Markt.

Zu den beliebtesten Spielen gehören Action-Abenteuer wie Weltraumschlachten und Wildwestschießereien sowie Geschicklichkeitsspiele wie Golf oder Fußball, bei denen der schnelle und geschickte Finger gefragt ist. Wer es geheimnisvoller liebt, wählt unter Hunderten von Abenteuern in Traumwelten und exotischen Ländern – Ritter oder Roboter, ET oder Elfen, Riesenspinnen oder Räuberhaie.

Virtuelles Erleben: Per Computer und Datenhelm in exotische Welten

Mehr Köpfchen schließlich verlangen die Simulationsspiele. „Simulation“ bedeutet Nachahmung: Der Spieler schlüpft in eine andere Rolle oder in eine fremde Umgebung. Hier kommt es auf Wissen und richtige Entscheidungen an, zum Beispiel, wenn man in „Opera Fatal“ mit Findigkeit und Musikkenntnissen einem Dirigenten bei der Suche nach gestohlenen Noten hilft, in „Sim City“ als Bürgermeister eine Stadt leitet, sich als geschickte Ameise im Nest bewährt („Sim Ants“), das Schicksal einer Kolonie von Siedlern auf einer einsamen Insel bestimmt oder im „Flugsimulator“ eine Boeing 747 sicher auf dem Flugplatz von Chicago landet.

Computerkriminalität

Auf sein Bankkonto ließ sich ein Bankangestellter vom Computer die Bruchteile eines Pfennigs überweisen, die beim Auf- oder Abrunden von Geldbeträgen übrig bleiben – sie ergaben mit der Zeit ganz ansehnliche Summen. Ein solcher Betrug lässt sich nur mithilfe eines Computers durchführen – er gehört daher zu dem großen Gebiet der Computerkriminalität. Dazu gehören auch das Ausspähen und Weiterverkaufen geheimer Daten in Firmen- oder Militärrechnern oder die Datenzerstörung, etwa aus Rache. Typisch für all diese Fälle sind eingehende Computerkenntnisse bei den Verbrechern wie auch bei den Aufklärern solcher Straftaten. Denn geheime Daten sind mit Passwörtern oder durch Verschlüsselung geschützt, und es erfordert viel Können und Fantasie, doch an sie heranzukommen. Andererseits hinterlassen Computermanipulationen fast immer Spuren, die – ist die Tat erst erkannt worden – Experten zum Täter führen.

Pilot im Flugsimulator.
Die Anzeigen der Instrumente und die „Landschaft“ vor dem Cockpitfenster steuern Computer.

Elektronische Post („E-Mail“) ist viel praktischer und schneller als die herkömmliche: Man schreibt einfach am Bildschirm einen Brief und schickt ihn per Mausklick an die elektronische Adresse des (oder der) Empfänger ab – nicht nur Text, auch elektronisch gespeicherte Bilder, Musik, Videos oder Computerprogramme lassen sich auf diese Weise verschicken. Sitzt der Empfänger am Computer, erreicht ihn die Nachricht nach einigen Sekunden, andernfalls wird sie zwischengespeichert und er kann sie jederzeit abrufen.

Wo lernen Piloten fliegen?

Gerade Flugsimulatoren zeigen, wie realitätsnah manche Spiele sind. Kein Pilot darf zum Beispiel heute an den Steuerknüppel einer Passagiermaschine, ohne viele Stunden in einem Flugsimulator verbracht zu haben – der allerdings dem gleichnamigen Computerspiel technisch ein ganzes Stück überlegen ist. Dort lernt er nicht nur die vielen Instrumente in seinem Cockpit verstehen, sondern er „fliegt“ die Maschine in allen Wetterlagen, übt Starts und Landungen auf Dutzenden unterschiedlicher Flughäfen und die richtigen Verhaltensweisen und Handgriffe in Notsituationen, etwa bei brennendem Triebwerk oder einer Blockade der Hydrauliksteuerung. Dabei bewegt er sich nicht von der Stelle: Computer erzeugen Instrumentenanzeigen, das Bild draußen vor den Fenstern und Motorengeräusche; sie steuern auch hydraulische Beine, die die Pilotenkabine in alle Richtungen schwenken und so die totale Flugillusion vorgaukeln – bis zum ohrenbetäubenden Aufprall einer Bruchlandung.

Ähnliche Geräte schulen heute Schiffsführer, Lastwagenfahrer, Straßenbahnführer und Soldaten: Es ist einfach zu teuer und zu gefährlich, jemanden ohne Training mit einem 80 000-Tonnen-Tanker oder einem 30 Tonnen-Sattelschlepper loszuschicken. Ein LKW-Simulator reagiert wie ein echter Lastwagen auf jeden Handgriff des Fahrers, passt Geräusche und Erschütterungen an, und auch die Bilder vor der Windschutzscheibe und im Rückspiegel verändern sich entsprechend. Vielleicht sitzen auch bald normale Führerscheinanwärter zunächst in einem Simulator, bevor die erste „echte“ Fahrstunde im Auto stattfindet.

Im LKW-Simulator können Lastwagenfahrer den Umgang mit ihren „Brummis“ üben.

Wie surft man im Internet?

Das Internet ist ein weltweites Netz von Millionen von Computern, die über Leitungen Daten austauschen – Zahlen und Text, aber auch Musik, Bilder, Videos. Jeder Computerbesitzer kann sich über Telefon ans Netz anschließen und am weltweiten Datenaustausch teilhaben. Die Zahl der Teilnehmer steigt ständig und liegt heute angeblich weltweit bei einer Milliarde!

Übers Internet unterhält man sich schriftlich oder auch mündlich mit Teilnehmern in aller Welt oder tauscht blitzschnell Briefe aus. Man ruft in Sekundenschnelle Texte, Bilder oder Videos zu fast jedem Thema ab oder veröffentlicht eigene Texte oder Bilder. Man hört bestimmte, nur im Internet sendende Radiostationen, schaut sich Videos an, bestellt Waren oder telefoniert billig. Oder man hangelt sich einfach nach Interesse, Lust und Laune durch das überwältigende Angebot an Themen und Bildern. „Surfen" nennt man das (sprich ssörfen, eigentlich bedeutet dieses Wort „Wellenreiten"). Es macht unheimlich Spaß, kostet aber auch Zeit und Geld. Viel Ausrüstung braucht man nicht, um im Internet mitzusurfen: Anschlüsse und die nötigen Programme bringen moderne Computer mit. Wichtigste Software ist der sogenannte Browser (sprich Brauser), mit dem man die im Internet angebotenen Datenbestände durchsucht und anschaut. „Firefox", „Opera", „Internet Explorer" oder „Safari" heißen solche (in der Regel kostenlose) Programme. Nötig ist schließlich noch ein Zugang zum Internet. Den bieten gegen Gebühr sogenannte Provider, etwa Firmen wie T-Com (Deutsche Telekom), Strato, Freenet oder 1&1. Die Daten fließen über herkömmliche Telefonanschlüsse relativ langsam, weit besser sind ISDN-Anschlüsse oder das noch schnellere DSL („Digital Subscriber Line", also Digitaler Teilnehmeranschluss). Bei DSL laufen die Daten dank einer speziellen Technik mit hohem Tempo über die normalen Telefonleitungen zum Amt.

Was bedeutet „künstliche Intelligenz"?

Vor etwa 50 Jahren kam der Begriff „Elektronengehirn" für Computer auf. Dahinter stand der Glaube vieler Menschen, diese Geräte könnten fast schon wie Menschen denken, und es würde nur noch wenige Jahre dauern, bis sie ihn sogar überflügelten. Einige optimistische Computerexperten er-

Das Internet

besteht aus Millionen von speziellen Computern, die durch Datenleitungen miteinander verbunden sind. Wichtigster und bekanntester Teil ist das „World Wide Web" (WWW), in dem Milliarden von Informationsseiten miteinander verknüpft sind. Ein Internetauftritt, etwa von einer Firma, beginnt stets mit der Startseite, die einen ersten Überblick über Anbieter und Angebot zeigt. Von hier aus kann man dann andere Seiten erreichen, indem man einfach mit dem Mauszeiger darauf zeigt und klickt. Auch viele Privatleute besitzen inzwischen eigene Webauftritte – mit speziellen Hilfsprogrammen sind sie leicht zu erstellen. Diese Seiten richtet man meist am eigenen PC ein, dann werden sie auf einen „Server" genannten Computer hochgeladen, der ständig mit dem Internet verbunden ist. Spezielle Anbieter, sogenannte Webhoster, stellen dafür gegen Gebühr Platz auf ihren Rechnern zur Verfügung.

Suchmaschinen
helfen im Internet bei der Suche nach bestimmten Informationen. Es sind Großcomputer, die automatisch das Netz nach Stichworten durchforsten und deren Adressen speichern. Wählt man übers Netz eine solche Suchmaschine an, zeigt sie einen Bildschirm, auf dem man das gesuchte Wort eintasten kann. Nach wenigen Sekunden zeigt sie (außer Werbung, mit der das Ganze finanziert wird) die gefundenen Adressen. Einige der über hundert Suchmaschinen sind:
http://www.web.de
http://www.google.de
http://www.dino-online.de
http://altavista.com
http://www.webcrawler.com

Leistungsfähiger
In etwa zehn Jahren werden die Chips mehr als tausendmal leistungsfähiger sein als die jetzigen. Wahrscheinlich stehen schon keine grauen Kästen mehr auf dem Schreibtisch; dafür ist Computerintelligenz in fast alle Gegenstände des Alltags eingezogen – es gibt intelligente Notizblöcke, Kommunikationscenter, Arbeitsgeräte. Vermutlich verstehen sie einige Tausend gesprochene Worte und Befehle. Platzverschwendende Tastaturen und Bildschirme sind überflüssig: Winzige Mikrofone und Lautsprecher reichen für die Computersteuerung aus.

fanden damals eine neue Forschungsrichtung, die „Künstliche Intelligenz“ (KI). Sie sollte Computern beibringen, zu sprechen und gesprochene Sprache zu verstehen und in andere Sprachen zu übersetzen, wie ein Experte zu plötzlich auftretenden Problemen kluge Ratschläge zu geben, Bilder und Handschrift zu erkennen und sogar besser Schach zu spielen als Menschen.

Heute wirkt der damalige Optimismus ziemlich übertrieben; jeder PC übertrifft heute die Rechenleistung jener „Elektronengehirne“. Andererseits entwickelte sich die Mikroelektronik unerwartet rasch, und gerade das Problem, was als besonders schwierig galt, ist heute schon fast gelöst: Spezielle Rechner wie der „Deep Blue“ der Firma IBM können fast alle Schachspieler der Welt schlagen. Bei allen anderen KI-Fähigkeiten überzeugen die Geräte bisher aber keineswegs. Sprache verstehen zum Beispiel ist viel schwieriger als vermutet – die Experten hatten die Leistungen unseres Gehirns weit unterschätzt. Dennoch geben sie die Hoffnung nicht auf – mit Blick auf die immer noch rasanten Leistungszuwächse der Computerchips.

Alle paar Jahre vervielfacht sich die Zahl der Transistoren pro Quadratzentimeter, und das wird auch noch mindestens zehn Jahre so weitergehen. Dann allerdings stößt die herkömmliche Technologie an ganz natürliche Grenzen: Man kann Transistoren nicht zu klein machen, sonst funktionieren sie nicht mehr. Von der Leistungsfähigkeit selbst eines stecknadelkopfgroßen Fliegengehirns ist man dann immer noch weit entfernt. Aber es gibt schon Pläne für Computerchips der nächsten Generationen. Sie rechnen vielleicht mit Laserlicht, das in winzigen Bauelementen verarbeitet wird. Solche Chips, glauben die Entwickler, sind 10 000-mal schneller als die heutigen. Und das hat auch Auswirkung auf die Robotertechnik.

Im Labor für Künstliche Intelligenz an der Universität Brüssel lernen Roboter, sich flexibel an die Umwelt anzupassen.

Wall-E bei der Premiere seines Filmes in London. Der Animationsfilm spielt um das Jahr 2800. Die Menschen haben die von ihnen mit Müll überhäufte Erde verlassen. Nur der Roboter Wall-E ist noch da und muss den Müll aufräumen. Doch das ist nur der Anfang der Geschichte ...

Roboter im Einsatz

Was können Erkundungsroboter leisten?

Schritt für Schritt bahnt sich ein seltsames achtbeiniges Wesen seinen Weg durch die Dunkelheit. Es krabbelt über mächtige Betontrümmer, weicht herabhängenden elektrischen Kabeln und tropfenden Rohren aus und schiebt seinen metallisch glänzenden Körper von der Größe eines Hundes durch zerstörte Türdurchlässe – sichtlich bemüht, nichts zu berühren, um weitere Einstürze zu vermeiden. Eine Art Kopf mit Kameraaugen und einem Scheinwerfer bewegt sich ruhelos und späht in alle Richtungen. Empfindliche elektronische Fühler suchen nach Hinweisen auf Leben, horchen auf Geräusche und überwachen die Luft auf etwaige Giftgase oder andere Gefahren, die vielleicht zu einer Explosion führen könnten.

Was wie eine Szene aus einem Actionfilm wirkt, ist in Wirklichkeit eine Rettungsaktion: Ein Erkundungsroboter untersucht die Gebäudetrümmer einer chemischen Fabrik, die nach einer Explosion eingestürzt ist, auf Überlebende oder austretende gefährliche Chemikalien. Ständig meldet er seinen Standort, das Bild seiner Kamera und seine Messungen an eine Kontrollmannschaft außerhalb der Gefahrenzone. Für Menschen wäre eine solche Suchexpedition sehr gefährlich. Erst als der Roboter einen Verletzten entdeckt, bahnt sich ein Team von Spezialisten vorsichtig einen Weg durchs Trümmerfeld, um das Opfer zu bergen – mit dieser Aktion wäre ein Roboter zumindest vorerst überfordert.

Schwarmintelligenz soll in Zukunft den Robotern nützen. Vorbild ist hier die Natur: Ein Ameisenstaat kann viel mehr komplizierte Aufgaben lösen als einige einzelne Ameisen. Abgestimmtes Gruppenverhalten, wie es in Computermodellen längst funktioniert, lässt sich auch Robotern beibringen: Ein Schwarm von Kleinrobotern, über Funk miteinander in ständigem Kontakt, könnte zum Beispiel ein unübersichtliches und gefährliches Gelände viel wirkungsvoller überwachen als wenige Großgeräte.

Roboter

Geprägt hat die Bezeichnung der tschechische Schriftsteller Karel Čapek 1920 (tschechisch „robota“, Fronarbeit). Er bezeichnete damit einen künstlichen Menschen, der aufgrund drahtlos übermittelter Befehle scheinbar selbstständig Bewegungen ausführt. Die Mitte der 60er-Jahre gebauten Industrieroboter waren die ersten einsatzfähigen Roboter. Dazu gehörten auch die sogenannten Manipulatoren, Werkzeuge und Geräte, die von Menschen gesteuert werden. Eine Weiterentwicklung waren Roboter mit Tast- und Sehfunktion. Heute entwickelt man „intelligente“ Roboter. Sie treten mit ihrer Umgebung in Kontakt (kommunizieren), können Signale aus der Umgebung so verarbeiten, dass sie darauf die richtigen Handlungen ausführen und sind vor allem auch lernfähig.

Was können Erkundungsroboter in der Zukunft?

Schon seit einigen Jahren nehmen Erkundungsroboter zum Beispiel in radioaktiven Bereichen von Atomkraftwerken Wartungs- und Messaufgaben wahr. Aber bisher werden solche Geräte meist über lange Kabel ferngesteuert. Fachleute sprechen daher lediglich von Handhabungsgeräten. Dank der Fortschritte der Mikroelektronik aber können schon heutige Erkundungsroboter im Test teilweise selbständig arbeiten und auch Entscheidungen treffen. Sie helfen dort, wo menschliche Arbeitskräfte zu teuer sind oder wo es für Menschen zu gefährlich ist – etwa beim Entschärfen von Bomben und Minen, als Hilfe bei Notfällen, wie Autounfällen mit gefährlicher Ladung oder in Tunneln und nach Katastrophen wie Feuer, Erdbeben, Sturmschäden, Bränden oder Überschwemmungen.

Dank der intensiven Forschung auf diesem Gebiet kann man vorhersagen, dass in wenigen Jahren solche Geräte vergleichsweise preisgünstig zu haben und dank ihrer Computerintelligenz erstaunlich selbstständig sind. Es gibt sogar schon Labormodelle, die kleine Überwachungshilfen an bestimmten Stellen absetzen können, die ihnen Daten und Bilder zufunken, während sie sich selbst weiteren Aufgaben widmen. Und Fraunhofer-Forscher entwickeln zurzeit einen intelligenten Minihubschrauber von etwa 20 Zentimetern Größe, der sich sogar ohne Funkkontakt mit der Erde vorwärts bewegt und als Kundschafter dienen soll.

Sein Einsatzgebiet sind chemische Labors oder Atomkraftwerke. Die Kamera am „Kopf“ ermöglicht dem Anwender, den Roboter genau an den Einsatzort zu steuern.

Ein Roboter der Nepalesischen Armee entfernt vorsichtig ein Gepäckstück von einem Motorrad, in dem eine Bombe vermutet wird.

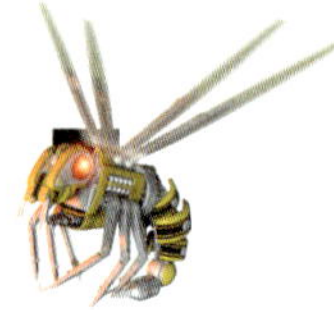

Zwei dieser Marsrover sind seit 2003 auf dem Roten Planeten unterwegs. Sie wurden in verschiedenen Gebieten abgesetzt und forschen nach Spuren von Wasser und Hinweisen auf das frühere Klima des Mars.

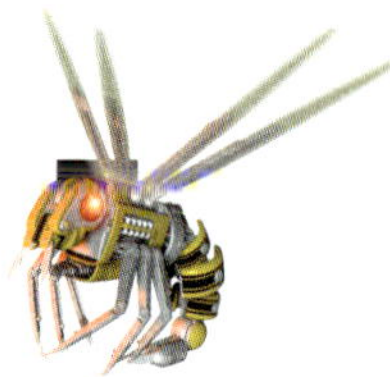

Erforschen Roboter das All?

Gefährlich, aber vor allem teuer ist es, Menschen zu anderen Planeten zu befördern. Roboter erforschen das All viel billiger: Sie sind kleiner und leichter, brauchen keine aufwendigen Sicherheitsmaßnahmen und kein Rückflugticket.

Die amerikanische Weltraumbehörde NASA arbeitet daher seit Langem mit automatischen Raumsonden – etwa die Voyager-Sonden, die farbenprächtige Bilder von Jupiter und Saturn zur Erde funkten. Miniatur-Roboter sind auch die Rover der Sonden „Opportunity“ und „Spirit“, die seit Jahren kilometerweit auf dem Mars umherfahren, Felsbrocken und Bodenproben chemisch analysieren und Bilder zur Erde schicken.

Solche Sonden müssen ein Mindestmaß an Selbstständigkeit besitzen, weil Funksignale zwischen dem Roten Planeten und der Erde bis zu 40 Minuten unterwegs sind, die Techniker auf der Erde also in kritischen Situationen gar nicht sehr schnell reagieren können. Zukünftige Sonden müssen sogar noch mehr Selbstständigkeit beweisen: So soll in einigen Jahren ein Roboter namens „Cryobot“ auf dem Jupitermond Europa nach Leben fahnden – hier vermutet man unter einer dicken Eisschicht einen Ozean mit warmen Quellen. Doch Funksignale zum Jupiter brauchen viele Stunden und die Sonde kann wahrscheinlich nur schwer ständige Verbindung zur Erde halten, nachdem sie sich durchs Eis geschmolzen hat.

Robo-Cops

Die amerikanische Polizei nutzt seit Jahren ferngesteuerte, selbst fahrende und mit Kameras und Greifwerkzeugen ausgestattete Geräte, um bombenverdächtige Pakete zu untersuchen und Räume zu erkunden, in denen eventuell bewaffnete Verbrecher lauern.

Auf sechs Beinen läuft es sich nicht schlecht. Auch so könnten künftige Explorationsroboter aussehen. Dieser hier kann seinen Weg selbst finden und sich die zurückgelegte Strecke auch merken.

Miniaturroboter verbrauchen für die Fortbewegung wenig Energie, und es erschließen sich ihnen Arbeitsgebiete, von denen man zuvor nur träumen konnte. Daher entwickeln Wissenschaftler wenige Millimeter kleine Roboter. Als Flugroboter kämen sie durch jedes Schlüsselloch – ein Wunsch jedes Detektivs. Vor allem aber könnte man sie entsprechend ausgerüstet und „verkleidet" in Ameisenstaaten und Bienenstöcken, Vogelnestern und Dachsbauten spionieren lassen und so das Verhalten der Tiere besser erforschen. Und nicht zuletzt könnten solche Miniaturroboter in einigen Jahrzehnten auch im menschlichen Körper Untersuchungen anstellen oder zum Beispiel verstopfte Adern freimachen.

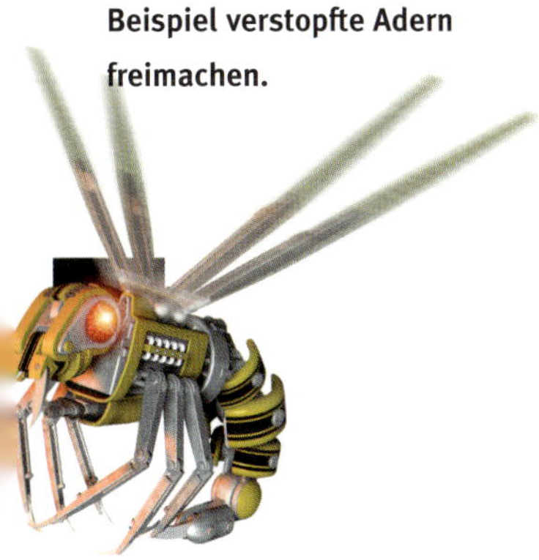

Die Bienen der Zukunft könnten so programmiert werden, dass sie schädliche Insekten jagen und damit helfen, Insektenvernichtungsmittel einzusparen.

Was erforschen Expeditionsroboter auf der Erde?

Auch auf unserer Erde gibt es Gebiete, die nur wenig erforscht sind, die Ozeane. Sie bedecken immerhin drei Viertel der Erde, eine Herausforderung für die Robotertechnik. Schon vor einigen Jahren erkundete ein unbemanntes, ferngesteuertes Schiff den Atlantik.

anpassen. Solche Geräte werden zurzeit von vielen Labors getestet und weiterentwickelt.

Der Bedarf ist groß: Sie könnten auch zum Entdecken und Bergen von unterseeischen Bodenschätzen wie Erdöl, zum Kartieren des Meeresbodens, zum Aufspüren von Minen sowie zur Inspektion von Fördereinrichtungen und Unterwasserkabeln eingesetzt werden.

Der 1 500 Kilogramm schwere Tauchroboter der NASA hat seinen eigenen Kopf. Er kann selbst entscheiden, wo er schwimmt, welche Proben er sammelt und wie er wieder nach Hause kommt. Möglicherweise wird er zum Jupitermond Europa geschickt. Auf ihm vermuten Wissenschaftler unter einer Eisschicht einen riesigen Ozean.

Eine weit größere Herausforderung allerdings sind tauchende Roboter. Sie sollen unbekannte Regionen wie Riffe, Meeresströmungen, unterseeische Höhlen, eisbedeckte Meeresgebiete oder die Tiefsee erkunden. Dazu müssen sie allerdings selbstständig ihren Standort feststellen und sich ein Bild ihrer Umgebung machen können. Es ist auch nötig, dass sie aus Erfahrungen lernen und ihr Verhalten eigenständig

Kleine, autonome Roboter könnten Höhlenforschern bei ihrer Arbeit helfen, gefährliche Stellen auskundschaften und sich durch Engstellen vorarbeiten, die keinem Menschen Platz bieten. Anders als Taucher sind Roboter unabhängig vom Sauerstoffvorrat und von Dekompressionszeiten. Gerade in vollständig mit Wasser gefüllten Höhlen könnten sie tiefer und weiter vordringen als Menschen.

Im Lager von Warenhäusern helfen Roboter Kartons zu verteilen.

Roboter schweißen hier schnell und genau den Unterbau von Autokarosserien.

Expeditions- und Erkundungsroboter sind schon heute hochintelligent im Vergleich zu den uns weit bekannteren Industrierobotern.

Warum brauchen manche Roboter künstliche Sinne?

Die älteren Modelle würde man heute gar nicht mehr Roboter nennen. Sie sind im Grunde nur computergesteuerte Fertigungsmaschinen, die vorgeschriebene Bewegungen und Arbeiten mit hoher Präzision ständig wiederholen. Sie verpacken Pakete, schweißen Autoteile zusammen, montieren oder lackieren sie. Rund eine Million von ihnen arbeiten weltweit bereits in den Fabriken, vor allem in Japan. Die meisten findet man in der Kraftfahrzeugherstellung, andere in Chemiebetrieben und bei Elektronikherstellern. Die Zahl dieser Roboter steigt überall, zumal die Preise bei zunehmender Leistungsfähigkeit ständig sinken.

Solche Geräte versagen allerdings sofort, wenn zum Beispiel ein Werkstück etwas anders liegt als gewohnt. Schon wenn sich ein Blechstück um einige Millimeter verbogen hat, würden sie die Schweißpunkte an die falschen Stellen setzen. Sie sind unfähig, sich veränderten Situationen anzupassen, denn sie haben gar keine Sinnesorgane, die ihnen Aufschluss über die Außenwelt geben.

Das bedeutet auch, dass sie für viele Arbeiten ungeeignet sind. Wenn ein Roboter etwa einen Kabelstrang durch die Hohlräume einer Autokarosserie fädeln soll, muss er prüfen können, wie sich der biegsame Strang beim Einziehen bewegt, wie weit er durchhängt und ob er straff, aber nicht zu straff gespannt ist. Für derartige Aufgaben haben moderne Roboter Sensoren – künstliche Sinne. Sie nehmen Signale aus der Außenwelt auf und leiten sie an die Robotersteuerung.

Solche Sensoren gibt es für die unterschiedlichsten Aufgaben und in vielfältigen Formen. Die wohl einfachsten sind kleine Schalter am Roboterarm, manchmal mit herausstehenden Tastspitzen verbunden, die ähnlich wirken wie die Schnurrbarthaare einer Katze. Wenn sie einen Gegenstand berühren, löst das den Schalter aus, und der Roboter stoppt das Weiterschwenken des Arms.

Heute verfügen Fertigungsroboter aber meist über Kameras. Sie

Isaac Asimov

Der amerikanische Science-Fiction-Autor Isaac Asimov ersann schon vor über 60 Jahren für seine Robot-Geschichten drei grundlegende Gesetze, die in jeden Roboter einprogrammiert sein sollten:

1. Ein Roboter darf keinen Menschen verletzen oder durch Untätigkeit zu Schaden kommen lassen.

2. Ein Roboter muss den Befehlen der Menschen gehorchen – es sei denn, solche Befehle stehen im Widerspruch zum ersten Gesetz.

3. Ein Roboter muss seine eigene Existenz schützen, solange dieser Schutz nicht dem ersten oder zweiten Gesetz widerspricht.

Wie ein echter U-Bahn-Führer fühlt man sich, wenn man an der Frontscheibe der ersten vollautomatischen U-Bahn in Nürnberg steht.

IN NÜRNBERG fahren inzwischen die ersten fahrerlosen Untergrundbahnen Deutschlands. Die Züge überwachen die Strecke und stoppen, wenn sie Müll oder gar Menschen auf den Schienen entdecken – wobei sie beides unterscheiden können. Bremsen, Halten und Anfahren geschieht vollautomatisch, ebenso wie das Öffnen und Schließen der Türen – und das System passt auch auf, dass bei Abfahrt niemand zu nahe am Zug steht. Die Züge sind ständig mit einer Leitzentrale verbunden, die den Verkehr überwacht.

überwachen ständig die zugeführten Produkte und jeden Handgriff des Geräts. Ein Computer untersucht und bewertet blitzschnell die Bildinformationen, passt die Tätigkeit des Roboters entsprechend an oder gibt notfalls Alarm. So kann er zum Beispiel prüfen, ob Flaschen richtig gespült sind, ein Werkstück die richtige Lage hat oder ob eine Lötstelle so aussieht, wie eine gute Lötstelle auszusehen hat.

Fahren Autos bald ohne Person am Steuer?

Überhaupt ist die Wahrnehmung der Umwelt für Roboter entscheidend, egal ob sie ortsfest oder beweglich sind. Fast jede Art von Messgerät lässt sich mit einem Roboter kombinieren und macht ihn empfänglich für Radarwellen oder Magnetfelder, Temperaturen oder radioaktive Strahlen, giftige Gase oder Geräusche.

Für uns Menschen ist der Sehsinn meist der wichtigste. Doch schon das Sehen der normalen Umwelt stellt an einen Roboter große Anforderungen. Der Steuerungscomputer eines selbsttätig den Weg findenden Autos zum Beispiel steht vor einer schwierigen Aufgabe. Er muss aus zahllosen Informationen, die ihm die eingebauten Videokameras und Sensoren in jedem Sekundenbruchteil liefern, den Verlauf der Straße, Verkehrsschilder, etwaige Hindernisse und andere Autos erkennen.

Immerhin funktionieren solche selbstständig fahrenden Automobile bereits recht gut. Sie besitzen zum Beispiel spezielle Laserscanner, die mit unsichtbaren Lichtstrahlen die Umgebung des Wagens abtasten und aus den reflektierten Lichtsignalen mögliche Hindernisse aufspüren und deren Entfernung berechnen. Ein präzises Navigationssystem ermittelt ständig den Standort des Wagens auf wenige Dezimeter genau.

Ähnlich wie ein Autofahrer in der Regel nur die Form eines vorbeihuschenden Autos aufnimmt und (meist) nicht auf Einzelheiten wie Aussehen des Fahrers oder Lage der

Ein besonderer Wettkampf ist der „Urban Challenge“: Auf einem Rundkurs sollen die Roboterautos zeigen, ob sie mit unterschiedlichen Situationen eines Stadtverkehrs wie richtiges Einordnen, Einparken, Ampelzeichen und Hindernissen zurechtkommen. Mit dabei sind „normale“ Autos mit Fahrern!

Radioantenne achtet, reduziert auch das System die Objekte auf die allernötigsten Einzelheiten – allein diese Taktik verringert den Rechenaufwand auf einen Bruchteil.

Die Forschung läuft auf Hochtouren, da man sich damit einen sichereren Verkehr und eine bessere Straßenausnutzung verspricht. Bereits vor 1997 legte zum Beispiel das Versuchsfahrzeug VaMP der Bundeswehrhochschule München die 1 600 Autobahnkilometer von München bis ins dänische Odense zu 95 Prozent eigenständig zurück und überholte dabei sogar automatisch gesteuert mit 130 Kilometern pro Stunde andere Autos. In den USA werden längst Wettbewerbe ausgetragen, bei denen Roboterautos gegeneinander antreten, etwa „Urban Challenge“ in Kalifornien; hier beteiligen sich auch deutsche Fahrzeuge. Zurzeit rechnet man mit dem Beginn der Serienfertigung solcher Fahrzeuge nicht vor dem Jahr 2020. Bis dahin wird es zunehmend Fahrerassistenzsysteme geben, die wenigstens einen Teil der Aufgaben übernehmen – etwa automatisches Einparken oder Abstandhalten zum Vordermann.

Einen Ball zu kicken ist für uns einfach, für einen Roboter ist es dagegen eine schwierige Übung.

Wie kann ein Roboter laufen?

In Werkhallen, Gängen und auf der Straße gibt es keine großen Probleme mit der Fortbewegung der Roboter: Man stellt sie auf Räder, Raupenketten oder Walzen, die von Elektromotoren angetrieben werden. Ganz anders, wenn Roboter in unwegsamen Gelände arbeiten müssen wie etwa Expeditionsroboter. Hier hilft nur eine Erfindung, die die Natur schon vor Jahrmillionen machte: das Gehen.

Schon ein zweijähriges Kind kann relativ schnell und sicher laufen. Später lernt es, seinen Gang glattem Eis, schlammigem Untergrund oder Steigungen anzupassen. So einfach das auch aussehen mag – in Wirklichkeit müssen hier Gelenke, Muskeln, Gleichgewichtsorgane, Augen und Gehirn exakt zusammenarbeiten. Roboter haben damit ziemliche Probleme. Zwar ist es nicht schwierig, Beine zu konstruieren, die sich heben, ein Stück vorwärtsbewegen und wieder senken. Allerdings dau-

Roboter als Haustiere

In Tokio entwickelt das „D-21-Labor“ des japanischen Elektronikkonzerns Sony Roboter, die – so die Firma – „von menschlichen Wesen geliebt werden können“. Erstes Produkt ist ein elektronisches Schoßhündchen – garantiert stubenrein.

Elektronische Hunde von Sony. Sie reagieren auf Pfiffe und zeigen Gefühle wie Ärger und Freude.

Pleo ist schon fast ein echtes Dinobaby. Es kann laufen, Kopf und Schwanz bewegen, schließt seine Augen und kann das Maul auf- und zumachen. Es reagiert auf Geräusche und Bewegungen und mehrere Pleos verständigen sich untereinander über eine Infrarotschnittstelle.

Eine Kunstheuschrecke von nur sieben Gramm Gewicht haben Schweizer Forscher entwickelt. Sie kann mehr als einen Meter hoch springen und sich dadurch rasch durch ein unwegsames Gelände bewegen, in dem selbst gehende Roboter nicht mehr weiter kommen. Mit Sensoren, Funk und Solarzellen zur Stromgewinnung ausgestattet könnten Schwärme solcher Hüpfroboter etwa bei der Suche nach Vermissten helfen oder auch die Oberfläche fremder Himmelskörper erforschen.

erte das bei den früheren Robotermodellen zu lange – während sein Gehirn noch rechnete, war der zweibeinige Blechkerl schon umgekippt.

Daher stellte man die Roboter auf sechs oder sogar acht Beine. Ein sechsbeiniges Insekt zum Beispiel hebt immer nur drei Beine gleichzeitig; die anderen drei bleiben auf der Erde und garantieren einen sicheren Stand. Das funktioniert auch bei zweibeinigen Robotern – jedenfalls solange sie sich auf einer ebenen Fläche bewegen.

Schwierig aber wird es, wenn Hindernisse auftauchen. Dann muss der Roboter mit jedem Bein zunächst tasten, ob er es aufsetzen kann, wie stark der Untergrund eventuell nachgibt und ob er vielleicht den Rand eines Felsens erwischt hat und Gefahr läuft, abzurutschen. Stellt sich der Aufsetzpunkt als ungeeignet heraus, muss das Bein einen anderen Punkt suchen. All das erfordert eine Fülle empfindlicher Sensoren und schnelle Rechner, die die Signale richtig verarbeiten können. Wir haben solche Sensoren in unseren Füßen; sie helfen uns zum Beispiel, fast ohne zu Stolpern einen stockdunklen Raum zu durchqueren.

Erst seit Kurzem können auch zweibeinige Roboter wenigstens einigermaßen gehen. Der Roboter „Asimo“ von Honda etwa bewegt sich selbst auf hindernisfreier Bahn gerade mit Fußgängertempo vorwärts, kann immerhin schon Treppen steigen und kippt beim Anrempeln nicht unbedingt um. Der an der Universität Göttingen entwickelte „Runbot“ prüft die vor ihm liegende Wegstrecke mit Infrarotlicht und kann seine Gangart an Steigungen anpassen. Diese Anpassungsleistung ermöglicht ihm sein „lernendes Bewegungsprogramm“, das bedeutet, er kann durch Fehler lernen.

Wie viele andere Roboter hängt der 30 Zentimeter große RunBot an einer „Leine“, denn die Energieversorgung ist allgemein ein noch nicht ganz gelöstes Problem.

Was macht das Greifen so kompliziert?

Wir Menschen könnten noch so intelligent sein – ohne unsere Hand gäbe es unsere heutige technische Zivilisation nicht. Es sind geradezu Allzweckwerkzeuge, die wir da am Ende der Arme tragen. Wir können ganz zart zufassen und selbst ein weichhäutiges Insekt nicht verletzen, aber auch kräftig anpacken und ordentliche Kräfte entwickeln. Außerdem können wir jeden Finger einzeln bewegen oder mit dem gegenstehenden Daumen kombinieren, und schließlich die ganze Hand am Gelenk um über 200 Winkelgrade drehen. Darüber hinaus machen eine Riesenanzahl von Fühlern für Hitze, Kälte und die Tastkörperchen für Berührungsreize, vor allem an den Fingerkuppen, die Hand zum wichtigsten Tastorgan. Wir spüren, ob eine Oberfläche glatt oder rau, weich oder fest, warm oder kalt, klebrig oder feucht ist. Und das Gehirn kann all die Signale blitzschnell verarbeiten und die Bewegungen der Gelenke und Knochen, Sehnen und fast 80 Muskeln richtig steuern, ob wir nun Klavier spielen, eine Stecknadel aufheben oder Holz hacken. Für Robotiker ist die menschliche Hand denn auch eine gewaltige Herausforderung. Seit Jahren arbeiten sie an Roboterhänden, die ebenso vielseitige Aufgaben erfüllen.

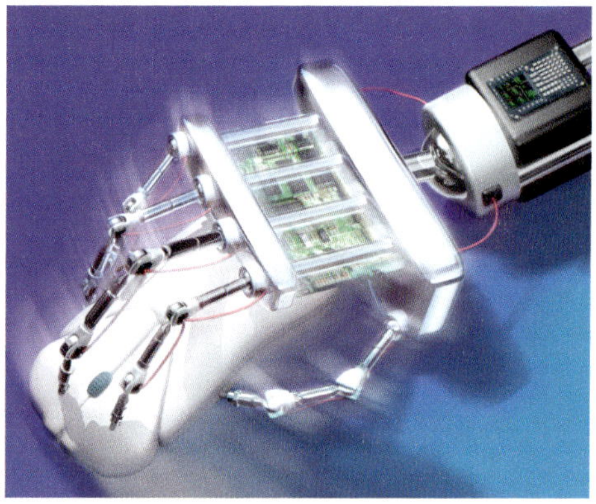

Vielleicht sitzen bald Roboter vor dem PC.

Das beginnt schon mit dem Antrieb. Meist nutzt man kleine Elektromotoren, deren Kraft über Seilzüge oder Stangen auf die Fingerglieder übertragen werden. Spezielle Sensoren melden dabei jederzeit die Stellung jedes Teils an die Steuerung, wie es auch in der menschlichen Hand geschieht.

Zu den fortschrittlichsten Modellen zählt die am Deutschen Zentrum für Luft- und Raumfahrt (DLR) entwickelte Hand. Sie hat drei Finger plus Daumen und arbeitet mit „künstlichen Muskeln“: winzige Elektromotoren mit eingebautem Getriebe. Sie ist genügend schnell

Roboter im Orchestergraben?

Einen recht ordentlich Geige spielenden, menschenähnlichen Roboter stellte der japanische Hersteller Toyota vor. Er soll allerdings später nicht als Musiker auftreten: Das Geigenspiel sollte zeigen, wie zartfühlend die künstlichen Hände des Geräts arbeiten – gedacht ist er nämlich als Haushalts- und Pflegeroboter in Krankenhäusern und Altenheimen. In Neuseeland aber hat ein Bastler eine richtige Band namens „The Trons“ aus Robotern zusammengestellt, die mittlerweile Kult sind. Auch in den USA gibt es schon eine Roboterband, die unter dem Namen „Captured! By Robots“ auftritt.

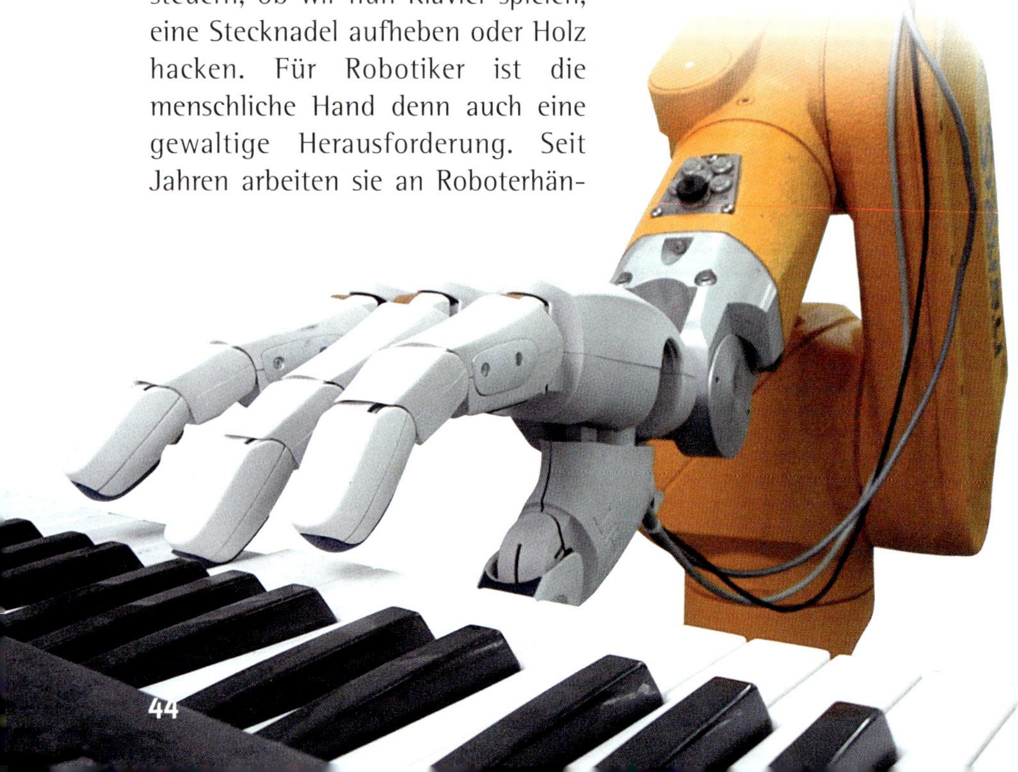

Auch mit vier Fingern kann man ein Keyboard spielen. Zumindest zeigt das diese Roboterhand, die aus 1 600 elektronischen Teilen und 89 Sensoren besteht.

Fussball spielende Roboter

Sie kann man bei vielen Computermessen bewundern. Denn dieses Spiel ist gut geeignet, die Fähigkeiten der Geräte zur Bilderkennung, Bewegung und schnellen Reaktion zu testen und dadurch die Forschung auf diesen Gebieten zu fördern. Deshalb wurde vor einigen Jahren der Robocup gegründet, der regelmäßig Wettkämpfe veranstaltet. Zum Teil spielen nur zwei Roboter gegeneinander, in anderen Klassen gibt es Robotermannschaften von je elf Geräten – da ist also auch geschicktes Zusammenspiel innerhalb der Mannschaft gefragt.

Halbfinalspiel der Fußballroboter beim Robocup German Open. Hier spielt gerade die „Four Legged League" (Vier-Beine-League).

und robust, um etwa Bälle aufzufangen, und soll zusammen mit Leichtbaurobotern in Zukunft unter anderem in Servicerobotern eingesetzt werden.

Wozu dienen Serviceroboter?

Es ist ein alter Wunschtraum des Menschen, kleine Helfer zu haben, die ihm jederzeit und überall unangenehme oder gefährliche Arbeiten abnehmen, die vielleicht sogar williger, zuverlässiger, fähiger und billiger als menschliche Helfer sind. Vielleicht erleben wir es noch, dass die Robotik diesen Traum erfüllt, und der „Personal Robot" ebenso selbstverständlich wird wie heute der PC und dem Besitzer dient. Aber bis zu einem ausgereiften Serviceroboter ist es noch ein weiter Weg. Denn anders als etwa ein Erkundungsroboter muss er mit Menschen und ihrer sich rasch wandelnden Umwelt zurechtkommen und natürlich auch besonders hohe Standards in Bezug auf Sicherheit und Bedienungsfreundlichkeit erfüllen.

Aber nicht nur die Mikroelektronik macht rasche Fortschritte, schnell entwickelt sich auch die „Mechatronik" – die Technik aus Mikroelektronik, Mechanik und Informatik, die den Robotern Intelligenz und Sinnesorgane, Hände und Beine zur Verfügung stellen könnten. Experten erwarten daher, dass man schon in einigen Jahren Haushaltsroboter kaufen kann. Für den normalen Hausgebrauch werden sie allerdings noch zu teuer sein. Sind sie erst einmal für jedermann erschwinglich, dann werden sie vielleicht einen Milliardenmarkt bilden, etwa wie heute die PCs.

Mit Vakuumsaugnäpfen kann sich dieser Reinigungsroboter an fast allen Fassaden entlanghangeln und die Fenster putzen. Lüftungsgitter oder Sonnenschutzlamellen erkennt er mit speziellen Sensoren.

Der Care-O-bot-Haushaltsroboter bringt seinen Gästen die Chips aus der Küche.

Erste einfache Geräte gibt es sogar schon. So rollen die flachen Staubsaugerroboter unauffällig in der Wohnung herum, kurven um Hindernisse und saugen Staub. Ist ihre Batterie leer, fahren sie zur Ladestation und lassen sie wieder aufladen. Auf ähnliche Weise halten Rasenmäherroboter das Gras kurz, manche sogar besonders umweltfreundlich mit Solarstrom. Auch fahrbare Geräte, die ihre Besitzer mit Musik, Video und Internet versorgen, sind längst im Handel.

Auf Messen sind einfache Haushaltsroboter schon zu sehen. So arbeitet das Fraunhofer-Institut für Produktionstechnik und Automatisierung in Stuttgart am 1,50 Meter großen „Care-O-bot“, den man über einen berührungsempfindlichen Bildschirm oder über Sprache steuern kann. Er ist mit Kameras und Greifarm ausgestattet, rollt auf motorgetriebenen Rädern durch die Wohnung und findet sich dort alleine zurecht. Er kann zum Beispiel nach dem Klingeln die Haustür öffnen, Gäste empfangen und am Tisch bewirten, Gläser oder Tassen aus dem Schrank und Bier aus dem Kühlschrank holen – und dabei Bier- und Milchflasche unterscheiden.

Wie helfen Roboter dem Arzt?

In einer Zeit, in der viele Menschen Angst um ihren Arbeitsplatz haben, werden Roboter auch mit Argwohn betrachtet, aus Sorge, am Ende von ihnen ersetzt zu werden. Es gibt sogar Roboter, die besänftigende Melodien spielen, um von Mitarbeitern eher angenommen zu werden. Häufig führen Roboter jedoch Tätigkeiten aus, die Menschen eben nicht so gut ausführen können. Das zeigt sich nirgendwo deutlicher als in der Medizin.

Beim Einsetzen künstlicher Hüftgelenke etwa kommt es auf Präzision an: Der Kanal, der für die Prothese in den Knochen gefräst wird, muss exakt die richtigen Maße haben, sonst wackelt das künstliche

Erntehelfer

Sie könnten teure und immer schwieriger zu bekommende menschliche Arbeitskräfte ersetzen. Ein kalifornischer Hersteller arbeitet bereits an einem vollautomatisierten Orangenpflücker. Er soll aus zwei Teilen bestehen: Eine Einheit sucht den Baum nach Früchten ab und erstellt ein räumliches Bild von der Position jeder Frucht. Eine achtarmige Pflückeinheit nutzt dann diese Daten, um die Früchte schonend vom Baum zu holen. Wenn sich das Konzept bewährt, soll es auf andere Früchte wie Kirschen und Erdbeeren sowie Spargel ausgeweitet werden.

Ein Roboter als Erntehelfer pflückt die Äpfel mit einem Greifarm mit Saugnapf vom Baum.

Mikroroboter führen bereits Arbeiten in einer Umwelt aus, für die der Mensch einfach zu groß ist: in der Welt des Allerkleinsten, im Bereich der tausendstel Millimeter. Heute dringen Forscher mit Mikroskopen und Miniaturwerkzeugen in diese Bereiche vor. In Zukunft sollen automatisierte Geräte zum Beispiel Arbeiten in Zellkernen, im Körper von Patienten oder auf Mikroschaltkreisen erledigen. An der ETH Zürich gibt es bereits solche „Nanorobots“, die mit Pipette und zweifingrigem Greifer ausgestattet sind und Objekte auf einen zehntausendstel Millimeter genau platzieren können.

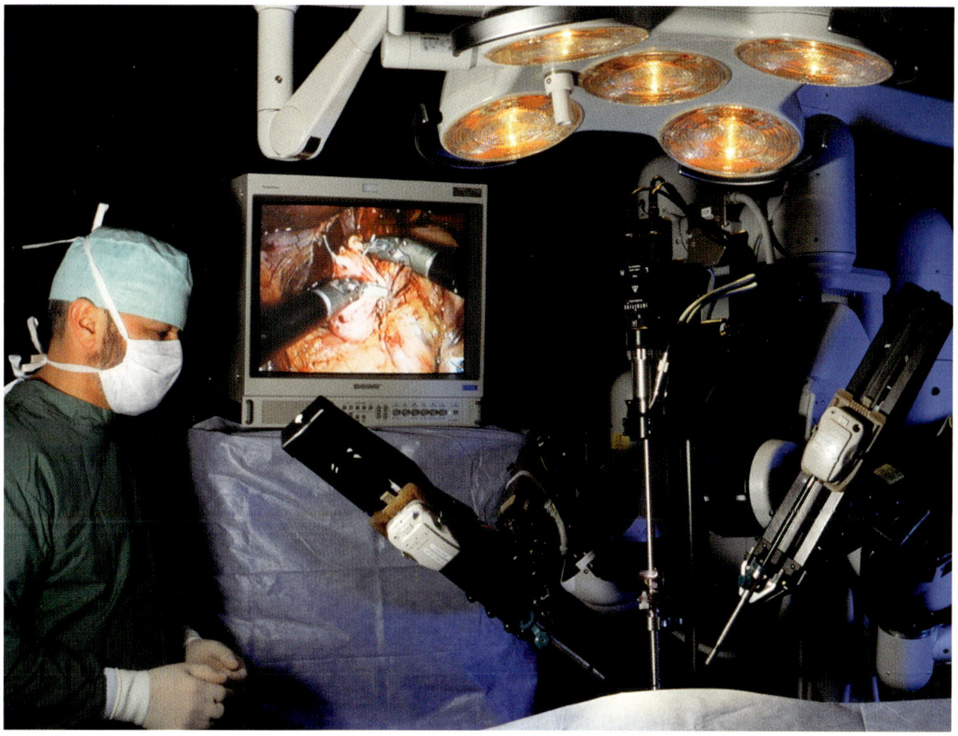

Der vom Arzt über ein Endoskop gesteuerte Roboter kann kleinste feine Schnitte durchführen.

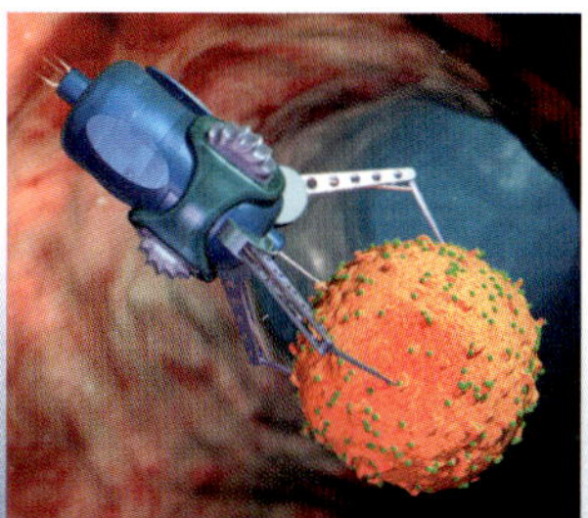

Eine tolle Idee für die Zukunft: Miniroboter spüren im Körperinneren kranke Zellen oder Krankheitserreger auf und machen sie unschädlich (Illustration).

Gelenk, und eine weitere Operation ist nötig – bei Chirurgen kommt das immerhin in sechs Prozent der behandelten Fälle vor.

Deshalb nutzen schon mehrere deutsche Kliniken für solche Eingriffe sogenannte Operationsroboter. Zunächst wird vom betroffenen Patienten eine Computertomographie durchgeführt, also ein per Computer erstelltes dreidimensionales Röntgenbild. Der Chirurg legt am Bildschirm die beste Stelle für das Hüftgelenk fest. Der Roboter schlägt dann aus seiner Datenbank aller lieferbaren Größen das am besten passende Modell vor und errechnet die optimalen Maße und die genaue Lage des Lochs, das in den Knochen gefräst werden muss. Auf dem Operationstisch steuert er dann am Patienten den Bohrer viel genauer, als dies ein Chirurg könnte.

Ähnliche Roboter helfen bereits bei Eingriffen am menschlichen Gehirn. Der in Kanada neu entwickelte „neuroArm“ führt mit sanfter Unterstützung das Messer des Chirurgen hundertmal genauer als zuvor. Dank eingespeicherter Daten leitet er zudem das Messer so durch die Gehirnmasse, dass möglichst wenig Gewebe beschädigt wird, und warnt den Chirurgen rechtzeitig vor empfindlichen Stellen.

Ähnliche Geräte sollen in Zukunft immer mehr Arten von Operationen unterstützen. So arbeiten Wissenschaftler in Neuseeland an einem Roboter zum Richten gebrochener Knochen. Mithilfe bildgebender Verfahren analysiert er zunächst die Bruchstelle und findet dann die exakt richtige Position der beiden Enden zueinander heraus.

In Pittsburgh (USA) entwickelt man einen nur zwei Zentimeter langen raupenförmigen Miniroboter, der auf der Herzoberfläche krabbelt und dort beschädigtes Gewebe entfernen und Herzrhythmusstörungen beheben soll.

Hörspiele

DVDs